SH/T 3503—2017
《石油化工建设工程项目交工技术文件规定》和
SH/T 3543—2017
《石油化工建设工程项目施工过程技术文件规定》
标 准 释 义

SH/T 3503—2017 和 SH/T 3543—2017 编制组
中国石油化工集团有限公司施工技术中心站 编

中国石化出版社

内 容 提 要

SH/T 3503—2017《石油化工建设工程项目交工技术文件规定》和 SH/T 3543—2017《石油化工建设工程项目施工过程技术文件规定》是石油化工建设工程项目从工程开工到工程交工验收全过程技术管理文件收集、编汇、组卷和归档要求的管理性标准。这两项标准自实施以来，对加强石油化工工程建设管理、保证工程质量、规范工程建设交工技术文件内容和格式、完善工程建设竣工档案管理发挥了重要作用。

本书根据工程建设项目应用反馈的情况，对这两项标准进行了逐条解释，并对个别文字错误进行了纠正，以利于对两项标准的理解与应用。

图书在版编目(CIP)数据

SH/T 3503—2017《石油化工建设工程项目交工技术文件规定》和 SH/T 3543—2017《石油化工建设工程项目施工过程技术文件规定》标准释义 / SH/T 3503—2017 和 SH/T 3543—2017 编制组，中国石油化工集团有限公司施工技术中心站编. —北京：中国石化出版社，2020. 12
ISBN 978-7-5114-6088-2

Ⅰ. ①S… Ⅱ. ①S… ②中… Ⅲ. ①石油化工-建筑工程-工程施工-行业标准-中国 Ⅳ. ①TU745. 7-65

中国版本图书馆 CIP 数据核字(2020)第 259297 号

中国石化出版社出版发行

地址：北京市东城区安定门外大街 58 号
邮编：100011 电话：(010)57512500
发行部电话：(010)57512575
http://www.sinopec-press.com
E-mail：press@sinopec.com
北京柏力行彩印有限公司印刷
全国各地新华书店经销

*

787×1092 毫米 16 开本 5.75 印张 101 千字
2021 年 1 月第 1 版 2021 年 1 月第 1 次印刷
定价：68.00 元

前　言

SH/T 3503—2017《石油化工建设工程项目交工技术文件规定》和SH/T 3543—2017《石油化工建设工程项目施工过程技术文件规定》是石油化工建设工程项目从工程开工到工程交工验收全过程技术管理文件收集、编汇、组卷和归档要求的管理性标准。两项标准自1986年首次发布以来，共进行了四次修订。2017版是针对近年来新版国家法律法规和国内行业标准对工程交工技术文件及过程管理文件的要求，以及两项标准在使用过程中存在的不适宜性，本着系统性、适用性和可操作性的原则，对两项标准进行了修订完善，于2018年1月1日起实施。

这两项标准自实施以来，对加强石油化工工程建设管理、保证工程质量、规范工程建设交工技术文件内容和格式、完善工程建设竣工档案管理发挥了重要作用。

根据工程建设项目应用反馈的情况，标准编制组进行了认真研究，编写了本书，对标准中存在的疑异进行了解释，对个别文字错误进行了纠正，以利于对两项标准的理解与应用。

本书的主要编写人如下：

葛春玉　吉章红　肖　然　唐秀丽　胡联伟　张虎伟　邬明亮　关慰清
袁庆水　李文轩　沈　丽　万寿香　杨　峻

目　　录

第一章　综合部分

一、SH/T 3503 和 SH/T 3543 的修订历程

SH/T 3503 于 1986 年首次发布，在 1993 年、2001 年、2007 年、2017 年进行了四次修订。2017 版是基于建设市场运行机制、管理机制的不断深化改革而修订，EPC、EP+C、E+P+C、项目管理咨询公司管理等多种工程建设管理模式的出现，部分条款及所列的表格有局限或有不适用；原规定提交的一些记录，交存到建设单位后几十年没有人查阅，而一些建设单位需要的记录又没有列入标准。如装置中的起重设备安装过程需要接受国家特种设备安全技术监察部门的监督和管理，设备安装、试车的有关质量记录需要提交监察机构审查，并以此办理起重设备使用证，而 SH/T 3503—2007 版中没有给出相应的表格，相关施工及验收规范也没有规定记录格式，各单位在此类设备施工过程中所做的记录内容和格式不统一等。

SH/T 3543 于 2007 年首次发布，主要收录了一些施工标准有要求、过程策划输出、过程质量控制记录和工程质量能够反映工程安全质量和使用功能状况的可追溯见证文件，其中对建设项目交付和检维修有指导意义需提交建设单位保存的结果性见证文件收录于 SH/T 3503 标准中。《石油化工建设工程项目施工过程技术文件规定》SH/T 3543—2017 的修订与 SH/T 3503—2017 的修订同步开始。

这两项标准自实施以来，对加强石油化工工程建设管理、保证工程质量、规范工程建设交工技术文件内容和格式，完善工程建设竣工档案发挥了重要作用。本次修订是依据 2013 年工业和信息化部《第四批行业标准制修订计划》(工信厅科〔2013〕217 号)的要求，标准编制组经广泛调查研究，认真总结实践经验，参考有关国内和国外先进标准，并在广泛征求意见的基础上修订。本次修订结合了石化工程建设特点，并兼顾满足生产运营和工程改造的需求。本着“谁设计谁负责，谁采购谁负责、谁施工谁负责”的原则，明确了交工技术文件的组成、整理和编汇要求，促进设计质量的提高，强化了工程材料的可追溯性，落实了施工责任，并为工程数字化交付奠定了基础。修订中，石化系统内外单位，包括化工、中石油、中海油等有关企业也反馈了大量的意见和建议。中国石化

集团公司工程部组织多次专题会议，多方研究探讨形成共识，于2016年底完成了报批稿。经工信部于2017年第32号公告，SH/T 3503—2017和SH/T 3543—2017版于2018年1月1日起实施。

二、SH/T 3503—2017和SH/T 3543—2017的关系

SH/T 3503—2017和SH/T 3543—2017均是对石油化工建设工程项目技术文件的收集、整理、归档予以规定的专业性综合标准。两项标准对文件装订、组册的要求保持一致，同步执行。

SH/T 3543—2017所指"施工过程技术文件"，是工程实现过程中安全质量和使用功能符合要求、过程控制程序符合要求的证据性文件，包括工程建设实施过程中所形成的质量管理文件、质量控制记录、工程安全质量等质量管理体系有效运行的见证文件和记录。SH/T 3543—2017对这些文件内容的编汇、组卷和归档做出了统一规定。

SH/T 3503—2017所指"交工技术文件"，是"施工过程技术文件"的一部分，是反映工程安全质量和使用功能符合要求，且对建设项目交付和检维修有指导意义需提交建设单位保存的结果性见证文件。SH/T 3503—2017对设计、采购、施工(总承包)、检测等单位应向建设单位移交的这部分技术文件记录内容的积累、编汇、组卷和归档做出了统一规定。

根据以上原则，SH/T 3503—2017附录A～附录H中给出的交工技术文件表格样式，必须经总承包、监理和建设单位签字确认后，提交给建设单位归档。SH/T 3503—2017中已有规定的表格，在SH/T 3543—2017中不再重复收录。为满足工程质量管理和控制需要，SH/T 3543—2017附录A～附录G在SH/T 3503—2017中已有表格以外，又给出了部分工程施工过程质量管理、质量控制所必需的记录格式；除建设单位另有规定外，这些表格不需要监理和建设单位签字确认，由施工单位自行留存归档。

建设单位应按SH/T 3503标准与工程总承包单位、分承包单位签订的合同或相关文件中，明确对交工技术文件的编制要求和管理责任，在项目开工前根据项目特征或具体要求明确交工技术文件编制方案。下列参建单位应对工程实施过程中形成的交工技术文件进行管理：a)工程总承包单位；b)设计、采购、施工、检测等承包单位；c)项目管理单位、工程监理单位。这两项标准中不包括工程监理单位根据监理规范自身形成的文件，这部分内容在SH/T 3903标准中阐述。

三、SH/T 3503—2017 表格的编制原则

根据以下原则，此次对原 SH/T 3503—2007 版附录进行删减、修改和补充，把个别重要表格从 SH/T 3543 移入 SH/T 3503 中，也有个别表格从 SH/T 3503 移入 SH/T 3543 中。

a）法规、国家和行业标准中要求提交建设单位的文件记录。

b）对工程质量起重要作用经多方共检的记录。

c）在将来装置运行过程中经常需要查阅的记录。

四、SH/T 3543—2017 表格的编制原则

根据以下原则，对原 SH/T 3543—2007 版附录进行了修改，增设了部分表格的续表，简化了表头及签字栏，并根据石油化工工程建设常用标准，补充了必要的质量管理、质量控制、质量检查等见证性记录表格，确保施工过程的可追溯性。如 A.45 工程影像记录表，对影像记录进行必要的表述，以便查阅。

a）质量管理过程的记录，如技术交底记录、质量体系人员登记表、焊条发放回收记录等。

b）质量控制过程的记录，如质量控制点检查记录、焊条烘烤记录等。

c）工程质量安全的见证性记录，如二次灌浆记录等。

五、SH/T 3503 的 2017 版与 2007 版的主要变化

SH/T 3503 标准 2017 版与 2007 版相比，主要有以下变化：

a）对无损检测的内容进行了系统的修订。按照材料及配件、设备及构件焊缝、管道焊口三大部分分别设置了相应的表格。

b）管道安装施工文件建议按试压包组卷，对试压包的内容进行了约定，主要包括流程图、轴测图、管道焊接工作记录、管道焊接接头热处理报告、硬度检测报告、金属材料化学成分分析检验报告、管道无损检测结果汇总表、管道无损检测数量统计表、管道系统压力试验条件确认记录、管道系统压力试验记录等。增加了管道试压包一览表，要求按管道编号排列顺序填写并置于案卷中。同时将压力试验检查改为试验条件检查和压力试验检查两张表。

c）补充了竣工图、项目管理单位的术语，以及项目管理单位对交工技术文件的管理责任。

d）调整了设备、材料质量证明文件和竣工图的编制责任与要求。

e）对原交工技术文件的表格进行了修改和必要的增补：

——附录B补充了石油化工常用设备基础、构筑物、防水等工程交工技术文件表格；

——附录C原有动设备表格从SH/T 3543移入SH/T 3503往复压缩机相关过程记录表格12个，新增表格1个；

——附录E补充了变电所受电条件确认、盘柜基础型钢质量验收记录、电缆安装质量验收记录等交工技术文件表格；

——附录F补充了部分仪表检验、试验交工技术文件表格；

——增加了附录G压力容器现场组焊安装工程用表，从SH/T 3543移入；

——增加了附录H起重机械安装工程用表，从SH/T 3543移入；

——调整了交工技术文件分类组卷的要求。

六、SH/T 3543的2017版与2007版的主要变化

SH/T 3543标准2017版与2007版相比，主要修订了如下内容：

——对原施工过程技术文件的表格进行了修改和必要的增补，将土建、仪表的部分表格移到SH/T 3503标准中，作为交工技术文件；

——增加了施工过程技术文件归档内容一节；

——增加了施工单位要建立设计变更接收及下发程序；增加了压力管道的文件管理内容；

——明确了建设工程项目土建工程应执行工程所在地建设行政主管部门的规定；涉及本标准规定内容时，还应执行本标准的要求；

——增加了无损检测记录，将管道焊口的无损检测报告移入SH/T 3543标准，交工技术文件只保留管道无损检测结果汇总表和管道无损检测数量统计表。

第二章　SH/T 3503—2017 正文解释

一、范围

本标准适用范围有以下三点含义：

a）适用的工程项目是石油化工新建、扩建和改建工程。

b）工程的施工阶段，即从工程施工开工到工程交工验收完成。工程竣工验收阶段的管理规定执行 SH/T 3904 标准。

c）内容是设计、采购、施工及检测等单位对交工技术文件的编制、审查、组卷和交付的责任和要求。

二、规范性引用文件

增加了 6 项规范引用文件，其中 GB 50300 和 SH/T 3508 是用于单位、分部、分项工程的划分。

GB/T 10609.3　技术制图复制图的折叠方法

GB/T 11822　科学技术档案案卷构成的一般要求

GB/T 14689　技术制图图纸幅面和格式

GB 50300　建筑工程施工质量验收统一标准

DA/T 28　国家重大建设项目文件归档要求与档案整理规范

SH/T 3508　石油化工安装工程施工质量验收统一标准

三、术语和定义

本章明确规定 GB/T 50328、SH/T 3903 和 SH/T 3904 的术语适用本标准。

2017 版增加了项目管理单位、竣工图的定义。

3.1 条　给出的“交工技术文件”的定义，包括以下三层含义：

a）交工技术文件是在工程施工过程中形成的，并在工程交工后需移交建设单位的资料。

b）编制和提交交工技术文件的责任单位包括工程总承包、设计、采购、施工、检测等承包单位和工程监理单位。

c）需要提交的内容包括工程实现过程安全质量、使用功能符合要求的见证资料及竣工图等。

3.2条 给出了“质量证明文件原件”的定义，是基于石油化工工程所用材料质量证明文件管理的特殊性而规定的，这里将供应商在产品质量证明文件复印件上加盖中间流转过程的确认章的延续性质量证明文件也归为原件。

3.3条 项目管理单位，一般与建设单位有合同关系或建设单位授权，代表建设单位承担相应的管理责任。

四、总则

4.1条 建设单位应按本标准在合同或相关文件中明确对交工技术文件的要求和管理责任，在项目开工前根据项目特征或具体要求明确交工技术文件编制方案。本标准不包括工程监理单位根据监理规范自身形成的文件。

a）明确建设单位对交工技术文件编制指导职责。

b）建设单位在开工前应制定交工技术文件编制方案，统一项目交工技术文件编制标准和要求。

c）在合同或协议中对交工技术文件编制质量、归档范围、整理标准、套数、版本、格式、移交时间等及违约提出要求。

4.2条 实行工程总承包或设计、采购、施工的一项或多项承包的，工程总承包单位与分承包单位签订合同时，应明确对交工技术文件的编制要求和管理责任。

4.3条 建设工程项目中有关铁路、公路、港口码头、电信、电站、35kV以上送变电工程和油气田、长输管道等工程的交工技术文件，应按国家相关标准规定执行。

4.4条 锅炉、压力容器、压力管道、起重机械、电梯等特种设备安装工程的交工技术文件除执行本标准外，还应执行特种设备安全技术监察机构的规定。

4.5条 土建工程中的钢结构、房屋建筑工程及其附属建筑电气、暖通、建筑智能化等交工技术文件应执行建设工程项目所在地建设行政主管部门的规定，设备基础、构筑物等工程交工技术文件执行本标准。

a）明确土建工程的范围。

b）增加了钢结构等内容。

c）明确了土建工程交工技术文件采用的表格。

4.6 条 交工技术文件应真实、完整，案卷整理应系统、规范。

a）明确了交工技术文件内容要真实、完整，与工程实体建设相符，签证要规范。

b）明确了交工技术文件编制责任单位应对交工技术文件进行分类组卷，卷内文件排序，并对案卷进行编目。

c）编目内容：主要包括封面、目录、页码、备考表等的编制。

4.7 条 采购单位在发放工程材料时应核对并记录材料的名称、规格型号、数量和领用单位，为领用单位提供质量证明文件原件。

a）明确交给领用单位的质量证明文件应为原件；

b）质量证明文件原件由领用单位组卷，并移交给建设单位。

4.8 条 采购单位和施工单位工程师应对材料质量证明文件原件进行确认并签字。

4.9 条 建设工程项目交工技术文件中/英文用表格式，应符合本标准的要求。

SH/T 3503 的 2001 版、2007 版、2017 版附录具体变化情况见表 2-1。

表 2-1 SH/T 3503 的 2001 版、2007 版、2017 版附录变化情况汇总

附录表格	通用	土建工程	设备安装工程	管道安装工程	电气安装工程	仪表安装工程	合计
2001 版表格数	33	20	29	11	38	24	155
2007 版表格数	44	11	40	17	8	9	129
2017 版表格数	45	13	69	23	11	11	172

五、交工技术文件的内容与份数

5.1 条 交工技术文件的内容应包括：

a）施工图会审记录（本次修订不规定具体格式，相关单位可自行确定）。

b）工程施工开工、工程中间交接、工程交工验收等工程文件。

c）土建、安装工程施工质量检验、检测、质量验收文件；特种设备安全监察机构和特种设备安装监督检验机构等监督检验文件。

d）设备、材料质量证明文件及材料的检测、复验报告。

e）工程联络单、设计变更文件（需监理签字，施工单位整理编制）。

f）竣工图（设计单位负责）。

——增加了施工图会审记录、特种设备安全监察机构和特种设备安装监督检验机构等监督检验文件、工程联络单、设计变更文件；

——不要求施工组织设计和施工方案，移入 SH/T 3543；

——交工验收证书在 SH/T 3904 中有明确规定，单独交付。

5.2 条 交工技术文件份数可为两份，正本交建设单位，副本由编制单位保存。正本应为原件，副本可为复制件；以电子版形式提供时，电子文件格式应符合国家及行业有关标准。

5.3 条 无损检测单位应出具无损检测报告，交被检测工程的施工单位。用于交工技术文件的管道工程无损检测报告可用无损检测结果汇总表代替。

六、交工技术文件的编制、整理与交付

6.1 条 交工技术文件的编制

6.1.1 条 本条强调工程项目开工前，建设单位应按 GB 50300 和 SH/T 3508 组织划定工程项目的单项工程、单位(子单位)工程，作为参建单位编制交工技术文件的指导性文件。建设单位应在开工前提供《交工技术文件编制方案》，要求参建单位根据建设单位的《交工技术文件编制方案》编制《交工技术文件编制细则》。

a) GB 50300《建筑工程施工质量验收统一标准》、SH/T 3508《石油化工安装工程施工质量验收统一标准》，是划分单项工程、单位工程、分部工程、分项工程等的依据文件。

b) 明确建设单位组织划定单项工程、单位工程，为参建单位进一步划分分部、分项工程，以及交工技术文件编制、分类组卷等提供依据，作为参建单位编制交工技术文件的指导性文件。

6.1.2 条 本条强调工程项目开工前，参建单位根据项目的具体情况及建设单位的交工技术文件编制方案，制定交工技术文件编制细则。

a) 交工技术文件编制细则是参建单位具体编制交工技术文件的大纲、要求。

b) 交工技术文件编制细则主要内容至少包括：项目名称、单项工程名称，分部、分项划分原则，交工技术文件编制依据，质量要求，分类组卷原则和方法，整理要求，归档数量、电子版本制作要求，审查、移交程序及要求等。

6.1.3 条 本条明确了参建单位交工技术文件积累、编制的责任：

a) 施工单位负责施工部分交工技术文件的编制，还包括各专业的工程材料质量证明文件、工程检测报告、工程设计变更一览表、工程联络单一览表的汇编。本条明确了施工单位的质量管理责任，体现了“谁施工，谁负责”的质量原则。

b）设计单位负责竣工图的编制和移交。本条在 SH/T 3503—2007 基础上进一步明确竣工图由设计单位负责编制，主要是基于石油化工工程设计变更量较多，且设计图纸的修改责任与权力属于设计单位，明确竣工图的编制责任为设计单位符合石油化工工程管理的具体情形，体现了“谁设计，谁负责”的质量原则。

c）采购单位负责锅炉、起重机械、塔、容器、反应器、冷换设备、动设备、成套设备等具有特定设备位号的设备出厂资料的编制和移交。本条明确采购单位负责合同范围内设备质量证明文件的汇编与提交，体现“谁采购，谁负责”的质量原则。

d）检测单位负责检测报告的编制，交由被检测工程的施工单位汇入相关工程卷；本条明确检测单位负责合同范围内的检测报告的编制，体现了“谁检测，谁负责”的质量原则。

e）实行工程总承包的项目，工程总承包单位负责组织各承包单位交工技术文件的编制和移交；本条明确工程总承包单位对各承包单位编制的交工技术文件负有审核、汇编责任。特别说明的是实施总承包的工程项目，交工技术文件应由总承包单位向建设单位提交。

f）监理单位负责交工技术文件的真实性、完整性的审核，本条明确监理单位对交工技术文件的审查责任。

g）建设单位或项目管理单位负责交工技术文件的审查；建设单位负责交工技术文件的接收。

6.1.4 条　交工技术文件除产品技术文件和设备质量证明文件、材料质量证明文件外，宜用计算机编制，责任人员应用符合档案要求的书写工具签字确认，且应做到字迹清晰、签章完整。

a）明确交工技术文件的内容原则上要通过计算机编制，除对通过可追溯的施工管理软件直接导出的交工技术文件外，责任者签字、第三方结论性意见应手写，不能代签；

b）签字，应用符合档案要求的书写工具，即应采用碳素墨水、蓝黑墨水等耐久性强的书写材料进行签署确认，不可采用红色墨水、纯蓝墨水、圆珠笔、复写纸、铅笔等易褪色的书写材料。这是 GB/T 50328—2014 对归档文件的书写材料的质量要求。另外 GB/T 50328—2014 还规定，工程文件的纸张应采用能长期保存的韧力大、耐久性强的纸张，70g 以上白色书写纸等。

c）原来表格全部要求使用单位公章，2017 版除 A. 14（SH/T 3503-J109）“重大质量事故处理报告”单位公章外，其他允许使用项目部章（其中检测报告要求使用报告专用印章），经过单位授权的项目部章可以看作是单位公章的延伸。

6.1.5 条　检测报告和管道无损检测结果汇总表应符合下列规定：

a）设备无损检测报告应按设备位号编制，应有焊缝编号（射线检测报告还应有片位号）、焊工代号、返修及扩探等可追溯性标识，并附检测位置示意图。

b）管道无损检测结果汇总表应按管道编号编制，应有焊缝编号、固定焊焊接位置标记、焊工代号、返修及扩探等可追溯性标识。

c）材料、配件的检测报告按材料、配件的种类编制，应有质量证明文件编号、炉/批号、检件编号等可追溯性标识。

6.1.6 条 施工单位应按管道编号确认管道焊接接头实际无损检测比例，在管道轴测图或焊缝布置图上标识焊缝编号、施焊焊工代号、固定口位置、检测焊缝位置及无损检测种类、返修标识，也可在轴测图空白处集中标识或附表。

6.1.7 条 纸质版交工技术文件的文字资料用纸规格应为 A4。附录 A～附录 H 所列表格中表头左侧栏内的字号为标准黑体五号字；表头中部表格名称为宋体加粗三号字；其他各栏文字为标准宋体五号字；录入文字为五号楷体。页边距应按下列规定设置：

a）竖排版的文件左边距 25mm、上边距 20mm、右边距 20mm、下边距 20mm，装订线位置在左侧。

b）横排版的文件左边距 20mm、上边距 25mm、右边距 20mm、下边距 20mm，装订线位置在上部。

6.1.8 条 竣工图页边距应执行 GB/T 14689 的规定（设计院执行，供建设、质量监督检查参考）。

6.1.9 条 本条内容变化较大，竣工图版次号以“J”表示，对竣工图章不做统一规定。要求作为竣工图的目录中必须标注有“J”版，其他要求如下：

a）竣工图绘制依据为原施工图和已经实施完成的设计变更通知单、工程联络单等工程变更信息。施工单位负责“工程设计变更一览表”（表 J110）和“工程联络单一览表”（表 J111）的汇编；监理、项目管理单位等对一览表审核签字。

b）施工图有变更的应绘制竣工图，签署栏中的版次号标注为“J”版（以竣工图“竣”字汉语拼音第一个字母大写为标识；部分施工图无变更的，终版施工图可作为竣工图；但目录要标注为“J”版）。

c）整套设计文件无变更的，终版施工图可作为竣工图，但目录要标注“J”版才能作为竣工图，并加以说明。

6.1.10 条 此条按 Q/SH 0704—2016《建设工程项目档案管理规范》中电子版交工技术文件的要求作出规定：

a）交工技术文件电子版应与其对应的纸质版一致，其归档格式应符合 GB/T 50328 的要求（见表 2-2）。

表 2-2　交工技术文件归档格式

文件类别	格　　式
文本(表格)文件	PDF、XML、TXT
图像文件	JPEG、TIFF
图形文件	DWG、PDF、SVG
影像文件	MPEG2、MPEG4、AVI
声音文件	MP3、WAV

b）交工技术文件电子版应以纸质版卷内目录中的序号为编制单元，一个序号的文件为一个电子文件，一卷为一个文件夹，文件夹名称与对应纸质版案卷“卷名”相同。

6.2 条　交工技术文件的整理

6.2.1 条　交工技术文件的整理包括分类组卷、编目、装订等环节，各卷内均应有案卷封面、卷内目录、交工技术文件封面和交工技术文件说明，并加入备考表。

a）本条所指的案卷封面、卷内目录、备考表为《科学技术档案案卷构成的一般要求》GB/T 11822—2008 规定的有关封面、目录；

b）明确交工技术文件在移交前编制单位需要进行分类组卷、编目、装订等，组成规范的案卷；

c）组卷原则：遵循交工技术文件的形成规律，保持案卷内文件的有机联系和案卷的成套、系统，便于档案的保管和利用。

6.2.2 条　交工技术文件由整理单位按单项工程编制。施工文件、材料质量证明文件、设备出厂资料、竣工图应按专业分类。

a）此条所指的“整理单位”，一般是指交工技术文件的编制单位。这符合 DA/T 28—2018《建设项目档案管理规范》第 7.3.2.1 条“项目文件应由文件形成单位或部门进行整理。整理工作包括项目文件价值鉴定、分类、组卷、排列、编目、装订等内容。”的要求，也符合 GB/T 50328—2014 的相关要求。

b）明确了交工技术文件按单项工程编制，以保持每个单项工程交工技术文件的完整性(见图 2-1 和图 2-2)。

6.2.3 条　施工文件可设单项工程综合卷，并按土建工程、设备安装工程、管道安装工程、电气安装工程、仪表安装工程等专业分类组卷。各专业文件较多时，可按单位(单元)工程等组卷。

a）与 SH/T 3503—2007 相比，SH/T 3503—2017 交工技术文件对设备、材

料质量证明卷进行了拆分，保留设备出厂资料卷。施工材料的质量证明文件放入各专业文件卷中，共由 8 部分内容构成，与 SH/T 3503—2007 规定的 8 大卷相似，包括综合卷以及土建工程、设备安装工程、管道安装工程、电气安装工程、仪表安装工程、设备出厂资料、竣工图等专业分类组卷。

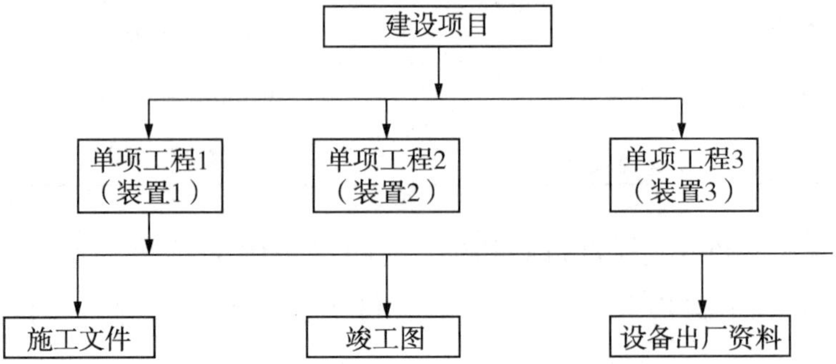

图 2-1　交工技术文件的组卷

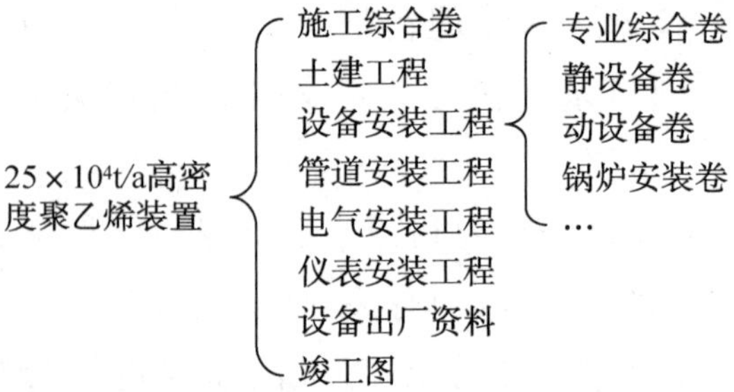

图 2-2　某单项工程交工技术文件的组卷

b）取消了册的概念，将旧版标准中的“册”改称为“卷”。每个卷都是由一组有相互关联的交工技术文件组成，每个案卷增加了案卷封面、卷内目录、备考表要求和相关表格编制方法。

c）2017 版封面上的卷名，即该卷的题名。卷名应简明、准确地提示卷内文件内容。其构成一般为“单位工程+关键词+文件类型名称”。关键词可以包含施工部位(分部工程、分项工程)/专业/设备名称(设备位号)等信息。卷名应具有唯一性。

如某公司 100 万 t/a 乙烯装置有关交工技术文件卷的卷名：“土建工程 1#裂解炉基础施工文件”“减压区建筑专业竣工图”“急冷水泵 P301 随机文件”等。

d）项目案卷的排列：案卷宜按项目前期(立项、审批、招投标、勘察、设计以及工程准备)、项目设计、项目施工、项目监理、生产准备与试运行、项目竣工验收等阶段排列。

6.2.4 条　锅炉、压力容器、压力管道、起重机械、电梯等特种设备安装工程的交工技术文件应单独组卷。

6.2.5条 消防、环保、职业卫生、电信等设施安装交工技术文件宜单独组卷。

6.2.6条 下列文件可归入施工综合卷：

a）工程施工开工报告。

b）工程中间交接证书。

c）重大质量事故处理报告(发生时，必须是公章，项目部章不可以代替)。

d）单位工程质量验收记录(分部工程和分项工程质量验收记录编入专业工程综合卷)。

e）其他文件。

6.2.7条 工程交工验收证书、交工技术文件移交证书按SH/T 3904规定签署，单独办理。

6.2.8条 土建工程、设备安装工程、管道安装工程、电气安装工程、仪表安装工程等专业施工文件卷可根据文件内容组成一卷或多卷。组成多卷时，第一卷宜为专业综合卷，下列文件可归入专业综合卷：

a）工程施工开工报告。

b）焊工、无损检测人员登记表。

c）工程设计变更一览表及设计变更单。

d）工程联络单一览表及工程联络单。

e）工程中间交接证书。

f）其他文件。

6.2.9条 土建工程自2015年以来，新修订并颁布实施了一批设计、施工标准。国家、行业和各省市建设主管部门均相应制定了一系列规范、规定和标准，特别是关于土建工程项目的工程资料管理方面都有规定，并且都明确要求应“在本行政区域内严格执行”，上一版本修编后的大量建设项目中的房屋建筑工程使用了地方标准。

2017版明确了使用范围，即“土建工程中的钢结构、房屋建筑工程及其附属建筑电气、暖通、建筑智能化等交工技术文件内容应执行建设工程项目所在地建设行政主管部门的规定，石油化工项目的设备基础、构筑物等土建工程交工技术文件内容执行本标准。”土建工程所用表格是为满足石油化工项目施工及管理的需要，也是对国家标准、行业标准的有益补充。

与2007版SH/T 3503土建工程部分相比，本次修订表格数量由11个调整为13个，增加了J211“土建隐蔽工程验收记录”和J212“防水工程试水、蓄水通用检查记录”。

钢结构工程在SH/T 3503和SH/T 3543中涉及的表格较少，是由于在调研和本版修编时有此共识，即：

a）石油化工装置中的管廊、框架、厂(库)房、罩棚等钢结构安装及验收应满足 GB 50205 的规定，交工文件内容和格式除符合 SH/T 3503 的规定外，还应符合建设工程所在地建筑工程交工文件的内容和格式的要求。

b）鉴于石油化工工程中的管廊、框架、厂棚等钢结构结构形式的特殊性，SH/T 3543 标准中列入了常用钢结构形式的安装检查记录表，作为此类钢结构质量检查和验收的施工记录；GB 50205 将钢结构作为分部工程，其分项工程、检验批的划分非常详细，很容易操作，也很完整，不复杂。比如，一个装置可以分别将一条管廊、一个框架、一个压缩机厂房作为子分部，一个分部下以预制、安装、焊接、螺栓连接、油漆、防火设置作为分项工程，一个 100m 高的框架可以作为一个检验批，也可以分为多个检验批进行验收，非常清楚且没有漏项，交工资料不是很多，体现了质量过程控制及验收痕迹。与 SH/T 3503 是不矛盾的。

6.2.10 条 本条中动设备部分，对原有动设备表格进行了修订，从 SH/T 3543—2007 移入表格 12 个，新增表格 1 个。

a）附录 H 起重机械安装工程用表，全部是从 SH/T 3543—2007 中移入，本次修订对原有起重机械表格没有进行测量、检查内容的修改，增加了相应的签字人员栏。

起重机械属于特种设备，在项目建设过程中，施工单位要提前编制资料交工计划，整理项目共安装多少台起重机械，组卷时将其放在一起进行组卷，放入设备安装工程卷。

b）从 SH/T 3543—2007 中移入往复式压缩机机组安装记录表格。

c）关于机器振动的测量标准，本次修订将涉及机器振动的项目都添加了振动速度的测量。现对于机泵来说，监理、业主及施工单位，大都只看其振动速度(mm/s)，而该交工文件上一直执行的是振动幅度(μm)，在机器运转情况下，一般振动幅度值都低于规范值，但振速可能已经超规范值。故应用振动速度来反应机泵类机器设备的振动性能，而振动幅度值只能做个参考。机组设备除外，其有自己的振动标准。

6.2.10 条中静设备表格，一是将原 SH/T 3543—2007 附录表 G 压力容器现场组焊安装工程用表移入 SH/T 3503，由原来的资料性附录改为规范性附录；二是部分表格根据施工工序进行拆分；三是个别表格名称根据现行标准进行了相应修改。设备部分表格多，一些表格内容大多侧重检查统计或整体检查验收的内容，在验收时还要依托工序检查表或专业工程用表进行确认，表格填写或编制的主要依据是设计文件、标准规范、合同以及项目监理、业主相关资料要求。

检查记录内容根据具体工序特点进行设置，检查记录中可按工序填写，可多项内容汇于一表，必要时可附图，也可以将两表作为面单、附件形式进行说明。垫铁安装、隐蔽环节以示例形式进行规范，其他工序的安装、检查可进行参照。

压力容器、球罐按新要求应单台组卷，构成静设备卷的一部分。

6.2.11 条 管道安装工程施工卷除执行专业综合卷规定外，尚应符合下列规定：

——管道材料质量证明文件及复验报告可分类组卷，材料质量证明文件一览表按管道材料质量证明文件排列顺序填写并置于案卷中；

——管道安装施工文件宜按试压包组卷，且试压包的内容应包括流程图、轴测图、管道焊接工作记录、管道焊接接头热处理报告、硬度检测报告、金属材料化学成分分析检验报告、管道无损检测结果汇总表、管道无损检测数量统计表、管道系统压力试验条件确认记录、管道系统压力试验记录等，管道试压包一览表按管道编号排列顺序填写并置于案卷中；对一些表格拆分，尽量避免一张表格要分不同阶段填写、一表二用的情况；

——管道组成件验证性和补充性检验记录、阀门试验确认表、安全阀调整试验记录、弹簧支/吊架安装检验记录、管道补偿器安装检验记录、安全附件安装检验记录、管道静电接地测试记录、管道焊接接头热处理曲线、管道系统泄漏性/真空试验条件确认与试验记录及管道吹扫/清洗检验记录等管道安装施工文件等，如不便于列入试压包，可分类汇编组卷；

——管道安装工程中的防腐、保温、保冷等施工文件宜单独组卷。防腐、保温、保冷、脱脂等单独委托施工的，应单独组卷提交。

6.2.12 条 电气安装工程中的表格主要用于石油化工装置 35kV 及以下电气设备，对于 35kV 以上的电气设备可参考使用。一般情况下，110kV、220kV 的供配电系统通常由电力部门负责实施，可以采用电力标准中的安装表格。

a）SH/T 3503 中有关电气设备安装检验记录的检查内容，是从设备安装到设备运行的持续性记录。

b）新增加了 J501“变电所受电条件确认表”，J502“盘、柜基础型钢安装质量验收记录”，J505“电缆安装质量验收记录”。

c）“电缆桥架安装检查记录”从 SH/T 3543 移入了 SH/T 3503-J503。

6.2.13 条 仪表安装工程 2017 版在 2007 版基础上，新增了 SH/T 3503-J602“节流装置检查记录”。

6.2.14 条 各专业材料质量证明文件组卷时应编写材料质量证明文件一览表，材料质量证明文件按一览表中的顺序依次排列。

6.2.16 条　竣工图卷宜按设计文件目录顺序组卷。

6.2.17 条　竣工图应按 GB/T 10609.3 统一折叠成 A4 幅面，图标栏应外露。

6.2.18 条　案卷编目应符合 GB/T 11822 的规定，页号的编写应符合规定：

a）归档文件均应按顺序编写页号，案卷封面、卷内目录、卷内备考表不编写页号。

b）以卷装订的案卷，页号应从 1 顺序编号。

c）以件装订的案卷，按件独立编写页号。

d）页号编写位置：单面书写文件在右下角；双面书写文件，正面在右下角，背面在左下角。

6.2.19 条　交工技术文件装订应整齐、牢固。

6.3 条　交工技术文件的交付

6.3.1 条　设计单位应在工程交工验收前交付竣工图；合同和建设单位有要求的，按其规定执行。

6.3.2 条　采购、施工或工程总承包单位应在工程交工验收前向建设单位提交交工技术文件。

6.3.3 条　交工技术文件经审查验收合格后，建设单位应与施工或工程总承包单位、设计单位、采购单位签署交工技术文件移交证书，办理移交手续。

第三章　SH/T 3543—2017 正文解释

一、范围

明确了石油化工工程建设项目施工过程技术文件的要求，适用于新建、扩建和改建工程项目施工过程技术文件的汇编、组卷和归档。

关于施工过程技术文件的定义，施工过程技术文件是施工单位进行工程质量管理体系有效运行的见证文件，是施工单位按 GB/T 19001《质量管理体系要求》和特种设备安全监督管理部门的规定，在石油化工建设工程项目进行施工生产活动的体现。实行工程总承包的项目，施工单位包括总承包单位和专业承包单位。施工过程技术文件包括：

——质量策划的输出文件；

——过程实现质量控制记录；

——工程质量符合行政法规和标准规范要求的见证文件。

石油化工建设工程项目投入生产运行后处于长周期连续运行，且具有高温(低温)、高压操作，介质有毒、可燃的苛刻条件下，对工程质量要求高，施工单位质量管理在项目上的落实尤为重要。对施工单位在工程实现过程中质量管理体系有效运行的见证文件作出规定是必要和可行的。

施工过程技术文件与相关文件的关系：

——施工过程技术文件是过程策划输出、过程质量控制记录和工程质量符合行政法规和标准规范要求的见证文件的总和，交工技术文件是施工过程技术文件的组成部分；

——施工过程技术文件由施工单位自行归档留存，交工技术文件由建设工程项目参建各方向建设单位移交；

——SH/T 3903《石油化工建设工程项目监理规范》规定的监理单位用表和承包单位用表，施工单位应在过程实现中使用这些表格。

二、总则

4.1 条~4.4 条　明确了施工单位在工程合同签订后，应按工程合同内容和质量管理的要求编制质量管理文件，按 GB/T 19001《质量管理体系要求》建立项目质量管理体系；按工程项目覆盖的特种设备类别分别建立特种设备质量管理体系，任命责任人员，将施工过程技术文件形成、汇编与整理活动纳入项目的管理职责范围。

4.5 条~4.8 条 对施工单位在过程实现中涉及的相关单位提供的下列文件作出了明确要求：

——采购单位的“设备/材料质量证明文件”；

——无损检测单位的“无损检测报告”；

——工程所在地特种设备安全监督管理部门规定的用表；

——工程所在地建设行政主管部门规定的质量控制记录用表。

三、施工过程技术文件的编制与整理

6.1 条~6.5 条 明确施工单位对施工过程技术文件的编制与整理要求：

——施工过程技术文件的积累与编制应与工程同步进行，并对技术文件的真实性、完整性和系统性负责；

——按质量管理程序、设计文件和标准规范的要求及时向建设项目管理单位和工程监理单位报验，并取得确认文件；

——施工过程技术文件的整理、编目和装订应规范。

6.6 条 明确了施工过程中形成的质量记录用表格式的要求。SH/T 3543 的 2007 版、2017 版附录表格变化情况见表 3-1。

表 3-1 SH/T 3543 的 2007 版、2017 版附录表格变化情况汇总

附　录	通用	土建工程	设备安装工程	管道安装工程	电气安装工程	仪表安装工程	合计
2007 版表格数	26	9	50	17	27	25	154
2017 版表格数	30	10	40	26	28	30	164

b）附录 B(规范性附录)土建工程施工用表

SH/T 3543—2017 土建工程施工用表共列入 10 个表格，新增了 2 个表格，即 G209“地基钎探记录表”、G210“大体积混凝土测温记录”。

c）附录 C(规范性附录)设备安装工程施工用表

其中静设备部分由原 SH/T 3543—2007 附录 C 的 10 个表格构成，部分表格名称进行了修改，具体检查内容未做大的改变。

e）附录 E(规范性附录)电气安装工程施工用表

SH/T 3543—2017 电气安装工程施工用表在 2007 版基础上增加了 SH/T 3543-

G517“综保继电器调校记录”和 SH/T 3543-G527“现场动力箱/照明箱安装检查记录”表格，所有未包括的安装检查项目和设备试验应根据有关规范和设计文件要求使用 SH/T 3543-G122 和 SH/T 3543-G123 自行设置栏目进行记录。

试验记录表格中未能包含但实际工作中必须试验的项目，填写于备注栏中。

SH/T 3543-G501 ~ G517 电气设备试验记录，记录表中的试验内容可根据 GB 50150—2016 的试验项目进行调整。也就是说 GB 50150—2016 不做要求的试验项目，在记录表格中可以填写“—”。在实际工作中，如果委托的试验单位有自己成熟的试验记录表格，也可以参考使用。

除了附录 E 中的表格外，电气安装工程尚用到附录 A 的表格，如 J110“工程变更一览表”、J112“隐蔽工程记录”、J117“开箱检验记录”、J122“接地电阻测量记录”、G108“特殊工种作业人员登记表”、G109“周期检定计量器具清单”等。

f）附录 F（规范性附录）仪表安装工程施工用表

——删除了 2007 版的 SH/T 3543-G622“综合控制系统硬点/软点检查记录”，把这张表格的部分内容转移到 2017 版 SH/T 3503 仪表联校调试记录中；

——新增了 SH/T 3543-G608“轴位移、轴振动仪表调校记录”、G617“光缆敷设及测试记录”、G621“现场总线电缆检查记录”、G622“FF 端口通讯数据校验记录”、G623“FF 设备通讯数据校验记录”、G624“现场总线网络/网段测试汇总表”等六种表格；

——2017 版把 SH/T 3543—2007 版“热电偶/热电阻检查记录”表格拆分为 SH/T 3543-G618“测温仪表检查记录”、G619“测温元件安装检查记录”两张表格。

g）附录 G（规范性附录）压力容器现场组焊施工用表

本部分所列入的 13 张表格为现场组焊安装的塔、容器类设备施工过程质量控制记录用表，侧重于设备制造工序控制。部分表格内容根据标准进行相应修改。

6.7 条~6.10 条 明确了施工过程技术文件的整理与组卷的要求：

——按单项工程编制，按专业工程组卷；

——按设计文件规定的单元工程或建设工程项目划分的单位工程组卷；

——移交建设单位的交工技术文件单独组卷；

——施工图整理的要求。

四、施工过程技术文件的归档

7.2 条~7.5 条 明确了施工过程技术文件归档的要求：

——施工过程技术文件由施工单位进行归档；
——归档时间为建设工程项目完成中间交接后，交工验收前；
——归档文件份数为纸质版一份和电子版备份；
——归档文件应经过审核并签署确认；
——归档文件应办理移交手续并签署移交文件。

施工单位应负责施工过程技术文件的编制、整理、审核和汇编。施工过程技术文件的形成应与工程进展同步，并将其纳入项目管理职责范围。

建设单位、项目管理单位、监理单位、总承包单位和施工单位应按质量管理程序、标准规范要求及时办理过程质量的验收和文件的确认手续。

第四章　无损检测说明

一、编写总原则

1. 按照材料及配件(非焊缝类)、设备及构件焊缝、管道焊口三大块分列，增加了适用范围。

2. 按照委托单、检测记录、检测部位(缺陷示意图)、检测报告(汇总表)程序展开(检测工艺卡暂不编入)。

3. 按照射线检测、超声检测(含测厚)、磁粉检测、渗透检测四大常规无损检测方法和化学成分、硬度等理化检测交工资料进行编写。

衍射时差法超声检测(TOFD)、相控阵超声检测(PAUT)暂没包含在本标准中，待时机成熟后再加入。各单位可自行采用经许可通过的表格。

4. 按照可追溯的要求，在可控的前提下尽量简化。

5. 适应数字化交付的需求。

无损检测部分与2007版标准相比，除增加了常用无损检测记录外，将管道焊口的无损检测报告移入SH/T 3543标准，在交工技术文件中只保留管道无损检测结果汇总表和管道无损检测数量统计表。主要基于以下因素：

——石油化工建设工程项目中管道安装工程占其主要部分，而管道焊口的无损检测报告又占管道安装工程交工技术文件的一半以上。这些报告自归档后几乎很少有人去关注报告的具体内容，最多了解一下焊口否存在返修。

——按照管道安装标准，在管道压力试验条件确认时，检测单位应提供相应的无损检测报告。而由于管道的复杂性，检测单位提供的检测报告只能按照检测批汇总，尚无法按照管道编号(单线号)汇总，无法满足交工技术文件汇编的要求。

——新增加的管道无损检测结果汇总表，是同一管道编号(单线号)中不同焊口的各种测方法的检测结果，根据过程检测报告汇集于一起。同时可以根据检测批号追溯管道的检测比例是否满足要求、根据报告编号追溯各焊口的检测结果，也大大压缩了检测交工技术文件的页数。

二、材料及配件（非焊缝类）用表说明

涉及的表单有：SH/T 3543－G124、G125、G126、G127、G128、G129、G130和SH/T 3503－J125（1、2）、J126（1、2）、J127（1、2）、J128（1、2）、J129、J130。

因目前的施工验收规范没有涉及对材料及配件的射线检测要求，暂没有编入。涉及焊缝的检测，可根据设备及构件焊缝或管道焊缝，采用不同归属的表格。

（1）SH/T 3543－G124～G127“射线检测拍片记录”“超声检测记录”“磁粉检测记录”“渗透检测记录”

是射线、超声、磁粉、渗透4种通用无损检测方法的过程记录，按照在可控、可追溯的前提下尽量简化的原则，将检测工艺卡结合到检测记录中，同时对与工艺卡不一致的偏离情况、实际检测与委托情况的不一致、未完成检测情况进行重点记录。这4个表格以及相应的缺陷示意图已经在中国石化使用了五年（详见中国石化建质〔2013〕8号《关于发布〈石油化工工程无损检测原始记录标准格式〉的通知》），取得了较好的效果，本次修订时同意将其纳入。

“委托编号”：填写施工单位出具、监理单位签认检测单位签收的检测委托编号。

“记录编号”：填写同委托编号对应的本次检测记录的编号。

“检测地点”：在项目预制现场进行的检测工作时，勾选“预制现场”；在对现场已安装到位工件进行检测工作时，勾选“已安装现场”；除上述两种情况以外进行的检测工作，如库房原材料检测、进场设备抽检等，在“其他”括号中填写。

“检测时机”：焊接完成后进行的检测工作，勾选“焊后”；对于需进行热处理的检件，在热处理前、后进行的检测工作，分别勾选“热处理前”“热处理后”；经检测存在超标缺陷，返修完成后进行的检测工作，勾选“返修后”。除上述三种情况以外进行的检测工作，如水压试验前、后，打底根焊、基层焊、过渡焊等，在“其他”括号中填写。

“检测实施工艺卡编号”：填写根据被检工件委托要求编制的、经过验证的检测工艺卡编号，如需两台设备完成检测，则须填写对应的两个工艺卡编号。

“检件规格”：填写现场实施检测工艺卡所针对的委托中被检工件规格。

“检测设备型号和编号”：填写同现场实施检测工艺卡对应的设备型号和其在检测公司中的设备编号。

“现场检测工艺参数”：工艺卡中的工艺参数在现场检测能够得到实施的，勾选“与工艺卡参数一致”；受现场外部条件变化（检件的放置位置、设备损坏更换等）的制约以及检测环境（射线透照方向、焦距受空间限制等）和检测时间（一般为夜间作业）约束，检测工艺卡中的工艺参数由于现场的一些临时变动不能得到有效实施、现场检测人员在工艺卡中所允许的偏离范围内进行调整的，勾选“现场工艺参数存在偏离”，同时在“工艺参数偏离记录”栏如实记录现场调整的偏离情况，调整记录事后须经责任人员签认，检测参数现场的偏离仅限于射线检测。其他检测方法的灵敏度为根据现场情况通过对比试块设定的对比灵敏度，检测工艺不允许现场的检测条件临时有任何变化，否则须重新制定工艺，因此不存在现场工艺参数偏离的情况。

“委托完成情况”：当天完成委托的全部检测工作的，勾选“完成委托”；由于客观原因，如委托检测工作量大、临时天气变化、设备损坏等致使未能完成委托的检测工作量的，勾选“未完成委托”，并在“未完成委托原因及未检测焊口编号”栏中说明情况，详细记录未完成的检测工作。

“检测实施位置与委托现场指定位置”：现场检测实施的位置与施工单位、监理单位出具委托时所指定的位置一致的，勾选“一致”；现场检测时如发现被检工件位置、状态与施工单位、监理单位出具委托时所指定位置不符，如地面活动焊口吊装成固定焊口、焊口临时进行更换、焊口进行了重新焊接、返修后状态不符等，勾选“不一致”，并在“不一致情况说明”栏将存在问题的焊口记录下来。

“现场检件表面照度/辐照度”：填写现场检测时通过照度计实测的现场工件表面亮度值或黑光灯辐射照度值。

（2）SH/T 3543-G128“材料及配件检测委托单”

是检测人接受材料及配件检测的依据，委托人应提供被检件唯一的可追溯的编号，即检件编号。当同一规格、类别检件较多时，委任人可归类后在检件编号栏中填写唯一的自编号或类别号，并在数量栏填写被检件数量，检测人检测时在实体上标上“自编号或类别号+流水号”作为检测记录和报告中的检件编号。委托人应提供被检件的验收标准或者制造标准，供检测人判别检测结果是否合格。

“质量证明文件编号”：可填写厂家的证明书编号或者自编号。

“炉/批号”：存在批号的，优先填写批号；没有批号的，填写炉批号或者炉号。

（3）SH/T 3543-G129、G130“材料、设备及构件超声检测缺陷示意图”“材料、设备及构件表面无损检测缺陷示意图”

为检测过程中发现缺陷(缺欠)时记录缺陷(缺欠)的特性(性质、长度、位置)及评级用。对一些无法描述检测部位或者缺陷位置的，还应图示表示。

(4) SH/T 3503-J125~J127“材料及配件超声检测报告”“材料及配件磁粉检测报告”“材料及配件渗透检测报告”

缺陷情况或缺陷示意图编号栏存在缺陷时填写，对有缺陷示意图(G129、G130)的要填写示意图编号；对无缺陷示意图的要填写缺陷性质和大小。“质量证明文件编号”和“炉/批号”栏，按照委托单的内容填写。

超声检测报告中增加了“探头”及其调试栏，主要是为了适应同项目的不同规格工件一起检测时可以签发在一份报告中，不用再分开单独发报告。使用多种探头时，应编号并在报告中一一列出，通过探头序号与试块及检测部位相对应，探头及其调试栏可视探头数量增减其行数。

磁粉/渗透检测报告中的“检测面”栏，填写内表面、外表面，对没有内表面的检件填写“表面”以示区别。

(5) SH/T 3503-J128~J130“超声测厚报告”“金属材料化学成分检验报告”“硬度检测报告”

当在一个工件(部件)上检测多点时，要附图示意检测部位，管道、设备上检测时可用轴测图(单线图、管段图)、设备图代替或在图上标示。SH/T 3503-J129“金属材料化学成分检验报告”中，“质量证明文件编号/炉批号”栏优先填写炉批号；对无炉批号的材料可填写质量证明文件编号，对检验管道上的焊口等类似部位此栏空白。

“检测(验)部位编号”：所填写的内容要具有可追溯性，编号与被检测工件、检测部位要有关联性并有唯一性。

“验收标准”：填写相应的产品标准(材料检测时)或施工质量验收规范(施工过程检测时)。

三、设备及构件焊缝用表说明

涉及的表格有：SH/T 3543-G129、G130、G124、G125、G126、G127、G339、G340 和 SH/T 3503-J128(1、2)、J129、J130、J349(1、2)、J350(1、2)、J351(1、2)、J352(1、2)。

(1) SH/T 3543-G339“设备及构件焊缝检测委托单”

用于压力容器和非压力容器、钢结构等焊缝无损检测的日委托。根据检测委托模式的不同，由施工单位或监理单位填写。

“检测批号”：对按照每条焊缝长度的一定比例进行检测的，可以不填；对按照焊缝条数比例进行检测的（如钢结构），按照不同检测类别的流水号填写。每一批为上次检测委托至本次检测委托时间内的所有同检测类别的焊缝。

（2）SH/T 3543-G340“设备及构件检测结果通知单”

是检测单位通知无损检测结果的方式之一，在相关检测内容无法及时签发检测报告时使用。对检测单位在当班检测完成后及时签发相应检测报告的，不再使用本表。

（3）SH/T 3503-J349-1“设备及构件焊缝射线检测报告”

其中增加了规格与透照参数栏，主要是为了适应不同厚度焊缝一起检测时可以签发在一份报告中，不用再分开单独发报告。对不同的焊缝规格使用不同的射线源时，应按照规格在报告中一一列出，通过规格将射线源、所使用的胶片、透照参数与检测焊缝相对应。规格与透照参数栏可视规格/射线源的数量增减其行数。

（4）SH/T 3503-J350～J352“设备及构件焊缝超声检测报告”“设备及构件焊缝磁粉检测报告”“设备及构件焊缝渗透检测报告”

超声检测中增加了“探头”及其调试栏，主要是为了适应不同厚度焊缝一起检测时可以签发在一份报告中，不用再分开单独发报告。使用多种探头时，应编号并在报告中一一列出，通过探头序号与试块及检测焊缝相对应，探头及其调试栏可视探头数量增减其行数。磁粉/渗透检测报告中的“检测面”栏，要明确是检测焊缝的内表面还是外表面。

“缺陷情况或缺陷示意图编号”：存在缺陷时填写，对有缺陷示意图的要填写示意图编号；对无缺陷示意图的要填写缺陷性质和大小。

“检测批号”：按照委托单的内容填写。

四、管道焊口用表说明

涉及的表格有：SH/T 3543-G124、G125、G126、G127、G413（1、2）、G414、G415、G416（1、2）、G417（1、2）、G418、G419（1、2）、G420（1、2）、G421 和 SH/T 3503-J128（1、2）、J129、J130、J412（1、2）、J413（1、2）。

（1）SH/T 3543-G413（1/2）“管道焊口检测总委托单”

由施工单位在管道施工设计完成后，根据管道焊口统计数据和检测策划出具，目的是为了使检测单位合理地安排检测设备和检测力量，以满足检测的总体要求。

根据 SH 3501—2011 第 7.5.10 条的条文说明，直接相连且同运行工况的管道，不管设计单位将其分成了多少条单线、赋予了多少个单线号（如储运系统 1 条主线 P1010 进罐区后分成 P1011、P1012、P1013、P1014、P1015 共 5 条支线通各罐)，均可认为是同一条管线，施工单位可自行赋予其 1 个共同的管道编号(如 P1010)。从这个意义上说，管道编号是多个单线号的集合，单线号由设计单位命名，管道编号由施工单位自行命名。这也跟 TSG 08—2017《特种设备使用管理规则》中，有关管道使用登记《压力管道基本信息汇总表——工业管道》填写说明中有关管道编号的解释相近，可以不采用设计单位给的管线号或管段号。

根据 SH 3501—2011 第 7.5.10 条的规定，管道焊口抽样检查时，应以同一检测比例完成的焊口为计算基数确定该检测批的检测数量。执行此条规定时，有的施工单位是以同一单线号一定时间内焊接完成的焊口作为检测基数的，有的施工单位是以同一管道编号(由若干个单线号集成)一定时间内焊接完成的焊口作为检测基数的，有的施工单位则以同一检测比例的若干个管道编号一定时间内焊接完成的焊口作为检测基数的。本标准将“同一检测比例的若干个管道编号”归纳为“检测类别号”，由施工单位自行命名。

所以，可以把管道工程看成是检测类别号的集合，检测类别号是管道编号的集合，管道编号是单线号的集合，检测类别号、管道编号的命名应结合管道压力试验方案在相应单线的检测策划前完成，它们之间的关系见图 4-1。对边到图边施工的项目，新的单线号可以加入到已有的管道编号中，新管道编号也可以加入到已有的检测类别号中。

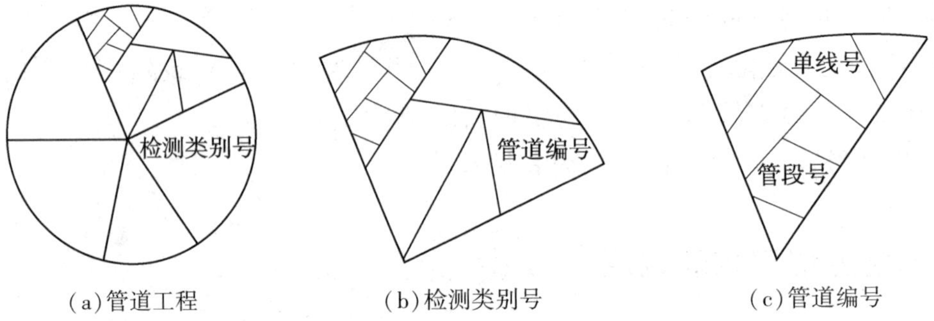

图 4-1　管道工程、检测类别号、管道编号之间的关系

填写本表时，对以同一单线号一定时间内焊接完成的焊口作为检测基数的(即以单线号来控制检测比例的)，允许只填写单线号，将管道编号、检测类别号空格或划横杆；对以同一管道编号一定时间内焊接完成的焊口作为检测基数的(即以管道编号来控制检测比例的)，需要填写单线号和管道编号，将检测类别号空格或划横杆；对以同一检测类别号一定时间内焊接完成的焊口作为检测基数的(即以检测类别号来控制检测比例的)，单线号、管道编号、检测类别号均需要填写。

(2) SH/T 3543-G414“管道焊口检测委托单”

用于管道焊口无损检测的日委托。单线号、管道编号、检测类别号的填写同 SH/T 3543-G413“管道焊口检测总委托单”。根据检测委托模式的不同，由施工单位或监理单位填写。其中“检测批号”由委托人按照一定的规则自行命名，主要为方便检测比例控制和检查，以及出现不合格时扩检确定焊口方便。每个检测批应包含所检测焊口要代表的所有焊口，即所检测的焊口是此检测批所挑选的样本。所以检测批只出现在抽样检查时，对 100%检测和局部检测的情况不应出现检测批的概念，此时“检测批号”可不填写或划横杆。原则上每个检测批所包含的焊口应是上次委托时间至本次委托时间内此类别的所有焊口，上次委托时间前以及本次委托时间后的焊口不应纳入到此检测批中。

（3）SH/T 3543-G415“管道焊口无损检测结果通知单”

是检测单位通知无损检测结果的方式之一，在相关检测内容无法及时签发检测报告时使用。检测单位在当班检测完成后及时签发相应检测报告的，不再使用本表。

（4）SH/T 3543-G416（1、2）“管道焊口射线检测报告”

增加了规格与透照参数栏，主要是为了适应不同规格焊口一起检测时可以签发在一份报告中，不用再分开单独发报告。涉及多规格时，应在规格及其曝光参数栏中一一列出，并按规格情况增减其行数。对同规格不同射线源的也应分别列出，并在报告备注栏中注明射线源种类，做到报告中不同规格焊口的曝光参数都可以在报告中查到。

（5）SH/T 3543-G417（1、2）、G419（1、2）、G420（1、2）“管道焊口超声检测报告”“管道焊口磁粉检测报告”“管道焊口渗透检测报告”

超声检测增加了“探头”及其调试栏，主要是为了适应不同规格焊口一起检测时可以签发在一份报告中，不用再分开单独发报告。使用多种探头时，应编号并在报告中一一列出，通过探头序号与试块及检测部位相对应，探头及其调试栏可视探头数量。磁粉/渗透检测报告中的“检测面”栏，填写内表面、外表面，对没有内表面的检件填写“表面”以示区别。

“缺陷情况或缺陷示意图编号”：存在缺陷时填写，对有缺陷示意图（G418、G421）的要填写示意图编号，对无缺陷示意图的要填写缺陷性质和大小。

（6）SH/T 3543-G418、G421“管道焊口超声检测缺陷示意图”“管道焊口表面无损检测缺陷示意图”

为检测过程中发现缺陷（缺欠）时记录缺陷（缺欠）的特性（性质、长度、位置）及评级用。

（7）SH/T 3503-J412（1、2）“管道无损检测结果汇总表”

由检测单位负责填写，是对管道焊口过程检测报告的汇总。表中“区号”“检测类别号”“管道编号”“单线号”“焊口号”“焊工号”“检测批号”按照检测委托单填写。“对接接头”“角焊接头”“支管连接接头”按照 SH 3501 进行分类，其焊口号参照 SH/T 3558 进行识别。检测报告编号中要能识别不同的检测方法。所有检测过的焊口(包括因各种原因割除的焊口)均应在本表中体现，检测后割除焊口要在备注中说明。除 RT/UT、MT/PT 外的检测方法结果单独汇总。此表按照不同的管道编号分开汇总；对未编制管道编号、只按单线号执行检测比例的，按照单线号分开汇总。

(8) SH/T 3503-J413(1、2)“管道无损检测数量统计表”

由原 2007 版的 J412 表格演变而来，由施工单位负责填写，主要为满足 SH 3501—2011 第 7.5.9 条“c)每个管道编号的焊接接头无损检测数量应达到规定的比例要求”。表中“区号”“检测类别号”“管道编号”“单线号”“检测比例”应与检测委托单相一致。“对接接头”“角焊接头”“支管连接接头”按照 SH 3501 进行分类。按照不同的接头类型分别汇总，各接头类型的“总数”中要包含曾经存在过但因各种原因弃用的焊口(包括割除的焊口)，并在备注中说明弃用接头数量。其中各检测方法下只填写检测的接头数量(包括检测过的弃用接头)，过程的返修、复检造成的重复检测次数不计算在内。检测方法代号可视实际情况进行增减。此表按照不同的检测类别分开汇总；未执行检测类别的，按照不同的检测比例分开汇总，此时在“检测类别号”内填写检测比例。也可以在此基础上再按试压包分列。不同的管道编号分行列明，并标清此管道编号下所包含的单线号；对未编制管道编号、只按单线号执行检测比例的，按照单线号分行汇总，此时只在“包含的单线号”栏填写单线号。

过程抽样检测的比例是在检测批中控制，由检测报告来体现是否满足要求。所以对过程检测比例是否符合标准要求不应在管道试压条件确认时才检查，应该在过程日委托时就应该检查完成。

第五章　SH/T 3503—2017 附录表格使用说明

一、附录 A　通用表使用说明

A.1～A.2　SH/T 3503-J101(A、B)“封面”

为石油化工建设工程项目交工技术文件案卷封面。SH/T 3503-J101A、B 用作综合卷交工技术文件封面，实行工程总承包的工程项目填写表 J101B，未实行工程总承包的工程项目填写表 J101A。

“卷号”：系根据档案管理规定编排的归档编号。卷号是交工技术文件各卷的编号，便于案卷在相关工程、专业中的排序。为保持与 SH/T 3503—2007 的延续性，卷号可按以下方法进行编制：

——卷号结构：卷号=专业代号+案卷流水号；

——专业代号与案卷流水号之间用“-”隔开；

——案卷流水号：单项工程中各专业分别流水，各专业案卷流水号均从 1 开始；

——各专业代号：SH/T 3503—2007 规定了各单项工程交工技术文件 8 大卷，即综合卷、土建工程卷、设备安装工程卷、管道安装工程卷、电气安装工程卷、仪表安装工程卷、材料设备质量证明卷、竣工图卷。SH/T 3503—2017 虽然取消了材料设备质量证明卷，但增加了设备出厂资料，还是 8 部分内容，为保持与 SH/T 3503—2007 的连续性，各专业代号还是保持不变，具体编号见表 5-1。

表 5-1　专业代号

专业名称	专业代号	备注
综合卷	1	
土建工程	2	
设备安装工程	3	
管道安装工程	4	
电气安装工程	5	

续表

专业名称	专业代号	备注
仪表安装工程	6	
设备出厂资料	7	
竣工图	8	

例如：

“卷号”1-1，代表该卷为综合卷第1卷；

“卷号”2-1，代表该卷为土建工程第1卷。

“工程名称”填写应统一，按“工程项目名称+单项工程名称”填写，也即填写单项工程全称，其中工程项目名称按工程项目基础设计批复中的名称填写。

“卷名”根据档案要求按Q/SH 0704—2016《建设工程项目档案管理规范》填写。

A.3　SH/T 3503-J102“交工技术文件总目录”

编列在交工技术文件综合卷。

“页数”：系指各卷的起止页数，如第一卷的“页数”栏，填写：1~288；第二行第二卷填写：289~……。

A.4　SH/T 3503-J103“交工技术文件目录”

为卷内的交工技术文件目录。

A.5　SH/T 3503-J104“交工技术文件说明”

由交工技术文件编制单位填写。说明交工技术文件编制依据、文件主要内容与相关内容所在卷以及需要特别说明的事项。

“编制人”：为施工单位各专业技术负责人。

“审核人”：为施工单位项目总工程师；小项目没有任命项目总工工程师的，由技术质量负责人签。

A.6~A.7　SH/T 3503-J105(A、B)“工程施工开工报告”

增加了“施工”两个字，以区别于建设单位上报的项目开工报告。本表格在工程开工前由施工单位填写，交监理单位审查，建设单位确认，监督单位签署意见，是考核合同工期的依据。实行工程总承包的工程项目填写表J105B，由施工单位报总承包单位审核，并由总承包单位报送监理单位审查；未实行工程总承包的工程项目填写表J105A。

A.8~A.9　SH/T 3503-J106(A、B)“工程中间交接证书”

可作为单项工程的中间交接证书，也可作为单元工程或单位工程的中间交接证书。单项工程的“工程中间交接证书”编入交工技术文件综合卷。实行工程总承包的工程项目填写表 J106B，未实行工程总承包的工程项目填写表 J106A。

“接收意见”：由建设单位的使用部门负责人填写。

“质量监督意见”：由工程质量监督站或监督组填写。

A. 10～A. 11　SH/T 3503-J107(A、B)“工程交工验收证书”

在工程进行投料试车生产出合格产品，并经过合同规定的性能考核期后签署。至此，施工承包单位完成合同规定的全部任务。实行工程总承包的工程项目填写表 J107B，未实行工程总承包的工程项目填写表 J107A。

“工程验收意见”：由建设单位的使用部门负责人根据设计文件、合同规定的施工内容和试车情况填写验收意见。

“工程质量监督意见”：由工程质量监督站或监督组填写，内容为监督单位对工程质量的结论性评语。

A. 12～A. 13　SH/T 3503-J108(A、B)“交工技术文件移交证书”

为工程承包单位按合同规定日期向建设单位办理交工技术文件移交时签署的文件。实行工程总承包的工程项目填写表 J108B；未实行工程总承包的工程项目填写表 J108A。

A. 14　SH/T 3503-J109“重大质量事故处理报告”

由事故责任方填写，表内各栏应简明扼要，并注明相关附件名称，各相关单位代表均应签字，盖章处必须是单位公章，项目部章不可以。如没有重大质量事故可在“交工技术文件说明”中予以阐述。

A. 15　SH/T 3503-J110“工程设计变更一览表”

工程设计变更一览表及对应设计变更，编入各专业工程卷、材料/设备质量证明卷等交工技术文件的综合卷中。

“实施图号及变更要点”：填写工程变更名称及简要内容。

A. 16　SH/T 3503-J111“工程联络单一览表”

和工程联络单一起，编入各专业工程卷、材料/设备质量证明卷等交工技术文件的综合卷中，表中“联络单编号”“事由”“实施情况说明”逐一填写简要内容。

A. 17　SH/T 3503-J112“隐蔽工程验收记录”

为各专业的通用表格，被后一工序覆盖的部位或被后续作业覆盖的工序，均应填写“隐蔽工程验收记录”。

“检查结果”：由建设单位或监理单位专业工程师填写。没有监理的，由建设单位签署。

A. 18　SH/T 3503-J113“垫铁隐蔽记录”

工程施工中，设备或结构的垫铁施工是一个重要环节，其施工质量好坏对后期影响比较大，但垫铁隐蔽后，检查又非常不便，施工过程应及时填写“垫铁隐蔽记录”（参见“垫铁隐蔽记录”示例）。

A.20　SH/T 3503-J115“合格焊工登记表”

工程开始施焊前，由施工单位填报参加该工程焊接的焊工相关信息。

“合格项目代号”：应填写用于该工程焊接作业的合格项目代号。

A.21　SH/T 3503-J116“无损检测人员登记表”

在工程无损检测作业前，由无损检测单位填写。

“合格项目代号”：为用于该工程的无损检测项目代号。

A.22　SH/T 3503-J117“开箱检验记录”

由采购单位填写。

“问题及处理意见”：如果没问题，填写“无”或“—”；如有问题，填写参加开箱各方对问题达成共识的意见及处理方法。对问题描述也是各方达成共识的意见，表格中写不下可增加附件。

A.23　SH/T 3503-J118“防腐工程质量验收记录”

适用于设备、管道及钢结构等工程的内、外表面防腐，同一防腐类型的设备、管道或钢结构等工程可填写在一张表格内。

“防腐前表面状态”：填写钢材表面除锈等级。

“防腐部位”：填写设备位号、管线号或钢结构编号。

“防腐层结构及要求”：填写设计文件规定的结构形式及主要质量要求。

“检查结果”：由施工单位质量检查员填写“合格”或“不合格”。

“验收结论”：由建设/监理单位填写检查验收意见。

A.24　SH/T 3503-J119“隔热工程质量验收记录”

适用于设备、管道等工程的保温或保冷，同一隔热结构类型的设备或管道可填写在同一张表格内。

“隔热部位”：填写设备位号或管线号。

“隔热结构”：填写设计文件规定的结构形式。

“检查结果”：由施工单位质量检查员填写“合格”或“不合格”。

“验收结论”：由建设/监理单位专业工程师填写。

A.25　SH/T 3503-J120“防腐绝缘层电火花检测报告”

为新增表格，从 SH/T 3543 中移入，多个专业可使用此表。此表由检测人及所在单位质量工程师签字即可。

A.27　SH/T 3503-J122“接地电阻测量记录”

适用于设备、管道静电接地及仪表专业、土建专业建筑物防雷等多个专业。

“接地电阻测量记录”：由施工单位测量人员填写。

“测量结论”：由建设/监理单位专业工程师填写。

A. 28　SH/T 3503-J123“安全阀调整试验记录”

由试验单位填写。调整试验时，启闭试验不得少于 3 次。

A. 29　SH/T 3503-J124“安全附件安装检验记录”

安全附件包括安全阀、爆破片装置、紧急切断装置等。装置投料前，安全阀(爆破片装置)与压力容器之间的切断阀必须处于全开位置并加铅封锁定，并将检验结果填入表中“检查结果”栏。

A. 30～A. 35　SH/T 3503-J125～J127“材料及配件超声检测报告”“材料及配件磁粉检测报告”“材料及配件渗透检测报告”

详见无损检测部分。

A. 36～A. 39　SH/T 3503-J128～J130“超声测厚报告”“金属材料化学成分检验报告”“硬度检测报告”

详见无损检测部分。

A. 40～A. 41　SH/T 3503-J131(1、2)“设备质量证明文件一览表”

领用单位的材料工程师对此表负责。

“材料工程师”是指负责项目材料管理的责任人员，体现“谁签字谁负责”的原则。

A. 42～A. 43　SH/T 3503-J132(1、2)“材料质量证明文件一览表”

领用单位的材料工程师对此表负责。

“材料工程师”是指负责项目材料管理的责任人员，体现“谁签字谁负责”的原则。

A. 44　SH/T 3503-J133“______安装检查记录”

各专业、各种综合检查、专项检查均可使用，可以将表作为面单，增加附件以涵盖更多内容。参见静设备部分示例。

A. 45　SH/T 3503-J134“工程影像记录表”

为新增表格，是各专业在隐蔽记录表中无法表述，为工程资料的可追溯性而设置的记录用表。可以拍摄工程实体情况，也可以拍摄检查、验收人员和检查验收过程。

影像资料的质量要求如下：

(1) 图像必须清晰，照片不得低于 500 万像素。图片上应留有拍摄日期，拍摄的角度、方式应能全面反映相关的主题，并具有代表性。

(2) 当拍摄需要反映偏差的主题时，应立钢尺等检测工具作为参照物，进行明确标识和记录，以供追溯。

(3) 当拍摄节点等空间部位时，应从多个角度拍摄记录各个面的质量情况。

(4) 影像资料应能全面反映新材料、新工艺、新结构在工程中的应用情况以及重要结构节点、部位的控制状况；应能全面反映项目部对关键部位、关键工序的控制。

(5) 对施工过程中出现的安全、质量问题，或施工中遇到的异常地质条件、地下障碍物的情形，应及时予以拍摄记录，并对安全质量问题和异常情况的处理全过程进行跟踪拍摄记录，作为验收凭证，并将最终(整改)结果拍摄记录存档。

(6) 在进行编辑整理时，应配有标题，附有文字说明，并注明拍摄时间和拍摄人。

二、附录 B　土建工程用表使用说明

B.1　SH/T 3503-J201“地基验槽(坑)记录”

验槽是地基基础工程施工前重要的检查工序，是关系到整个建筑安全的关键，故必须进行验槽。检查内容包括基坑位置、平面尺寸、持力层核查、基底绝对高程和相对标高、基坑土质及地下水位等；有桩支护或桩基的工程还应填写桩的检查状况。地基验槽检查记录应由建设/监理、勘察、设计和施工单位共同验收签认。

“检验结论”：原则上应由勘察单位人员填写。若勘察或设计等单位委托监理单位执行该工作，应有相关的书面委托文件。地基验槽未通过的，需要进一步进行地基处理，应由勘察单位人员提出，设计单位出具处理意见和做法。

针对石化企业厂区内新建、改建和扩建工程中未委托勘察单位对工程所在地质勘察的，通常采用新建构筑物周边已有建构筑物的有关联勘察报告(结论)，为确保质量，工程的参建各方管理者更应高度重视开挖后的地质状况验看和履行程序。对存在明显“缺陷”的地质还应提请专业的勘探人员再确认。

B.2　SH/T 3503-J202“地基处理记录”

施工单位应依据勘察、设计单位出具的处理意见和做法进行地基处理，完工后填写“地基处理记录”，报请勘察、设计单位复查，复查情况由勘察、设计在“检查结论”一栏填写；若勘察或设计等单位委托监理单位执行该工作，应由监理单位复查并签署意见。

地基处理记录内容包括地基处理依据及方式、处理部位及状况、处理结果、检验结论等，当地基处理范围较大，内容较多，用文字描述较困难时，应附简图示意。

地基处理系依据设计要求的方法施工，故施工质量应通过必要的检试验予以证明，交工技术文件中应留存有关检试验报告。

B.3　SH/T 3503-J203"工程定位测量记录"

是施工过程中形成的，确保建筑工程定位、尺寸、标高、位置和沉降量满足设计要求和规范规定的资料，属于关键的施工测量记录，其测量的准确性将直接影响工程施工质量。该工作应由专业测量单位或施工单位的专业人员进行测量。

"工程定位测量记录"的坐标依据是指与需定位测量的建构筑有直接关联的坐标点，该坐标点在建设期间应是固定不变的。在工程中应有保护措施，确保不被扰动破坏，以便于复查复测使用。

B.4　SH/T 3503-J204"设备基础复测记录"

其中的测量数据为基础整体的定位数据，包括设计坐标和标高。

"复测结果确认"：由建设/监理单位填写。

B.5～B.9　SH/T 3503-J205、J206、J207(1、2)、J208"块体式设备基础允许偏差项目复测记录""整体框架式设备基础允许偏差项目复测记录""储罐基础允许偏差项目复测记录""球形储罐基础允许偏差项目复测记录"

设备基础中各部位具体定位数据的记录，可根据设备基础形式的不同选用专门的表格填写。此类表格作为土建施工单位即表中"施工单位"在设备基础施工完毕并符合质量要求后，交付安装单位即表中"接收单位"的用表。

这部分内容是土建工程能否满足交付安装工程工作的依据，在国家和行业标准的土建工程资料管理规程中很少涉及，或者说与石化建设所需存在差距，因此这些是具有行业特色的表格。

"复测结果确认"：由建设/监理单位填写并签认。

B.10　SH/T 3503-J209"基础沉降观测记录"

对设计和规范有要求的或施工需进行变形观测的工程，应具有施工期间及竣工后的变形观测记录。记录的内容包括：变形观测点布置图、变形量、时间荷载关系曲线图等，并形成报告。施工单位应在完成各种施工测量成果的同时，报监理单位查验并签字。

在施工期间，施工单位对构筑物进行的沉降观测并记录，通常是由施工单位的专业人员实测的并作为交工资料收存；交工后的沉降观测则应由建设单位委托有资质的测量单位定期观测并形成报告。

B.11　SH/T 3503-J210"水池蓄水试验记录"

是依据 GB 50141《给水排水构筑物工程施工及验收规》、SH/T 3535《石油化工混凝土水池工程施工及验收规范》和 SH/T 3132《石油化工钢筋混凝土水池结构设计规范》的规定编制的，通过测定相关的数据，检验水池的工程质量状况。

采用此方式检验水池的渗漏质量状况，不仅有此“记录”，还应提供与此有关的检验工器具检定和报验资料。

B.12 SH/T 3503-J211“土建隐蔽工程验收记录”

是新增表格。土建工程中标准规范规定的隐蔽工程检查项目较多，是工程质量控制及责任追溯所需要的，原使用通用表格填写易造成土建施工单位填写内容疏漏、不规范。隐蔽工程检查验收并填写隐蔽工程验收记录，涉及结构安全的重要部位还应留置隐蔽前的影像资料。影像记录是真实反映即时状况的第一手资料，具有直观性的特点，对今后事件的追溯能提供可靠依据。

B.13 SH/T 3503-J212“防水工程试水、蓄水通用检查记录”

是新增表格。工程中防水施工质量直接影响使用功能，通过检查及时确认质量状况并记录。本表可用于室内外有防水功能要求的质量检查及记录，也可用于水池蓄水试验采用直接观察法时填报。

三、附录C 设备安装工程用表使用说明

C.1 SH/T 3503-J301“机器安装检查记录”

适用于各类型泵、通用离心风机、轴流风机等通用机械设备；不适用于大中型离心压缩机、往复式压缩机、汽轮机和烟气轮机等机械设备。

表格中的每项实测数据多于一个数据时，应在备注栏中说明或用图示方式表明测量部位。

由于大型机组安装数据要求较多，各个制造厂和业主要求也不统一，所以在2017版中没有大型机组的固定安装表格。各单位实际操作中，可结合设备随机技术文件机组安装检查项目和业主要求来编制表格进行填写，表格形式可以仿照SH/T 3503-J301。

C.2 SH/T 3503-J302“轴对中记录”

适用于双表(三表)法找单台设备或机组的轴对中记录。机器有多个联轴器时，从驱动机侧联轴器开始顺序编号。采用“三表”找正时，两块轴向表的测量数值均记录在“轴向倾斜实测值”内。

“径向位移允许值”：为规范规定值或设备安装说明书中给出的规定值。

“轴向倾斜允许值”：为按规范规定值或设备安装说明书中给出的规定值在百分表回转直径处所计算出的数据值。

“实测值”：为百分表的实际读数值。

C.3 SH/T 3503-J303“机组轴对中记录”

适用于大型压缩机组单表法找对中时的记录。本表最多可供4个联轴器的

机组轴对中找正数据的填写。联轴器从驱动机侧开始顺序编号。当机器实际结构与本表格测点示意图不一致时，测点示意图应根据机器实际结构绘制并编号。增加了设备制造厂签字栏。

“检测部位”：现场使用激光找正仪对动设备进行对中找正时，如果设备轴中心高度够的话是可以测量出四个数值的，正常填写本表；如果轴中心高度偏低，则在备注中标明找正方法，按实际检测到的数据进行记录。

“允许值”：按规范或产品技术文件要求填写，附实际轴对中测量曲线图。

C.4　SH/T 3503-J304“空冷式换热器风机安装检验记录”

其中，“主、从动轴皮带轮轮槽中心位置轴向偏差”变为两项，即“主、从动轴皮带轮中心面偏移量”和“主、从动轴皮带轮两轴平行度”。

“叶尖圆周水平高低差”：以一片叶片为基准，测量各叶片尖端上部相对标高差。

“主、从动轴皮带轮中心面偏移量”：采用拉线法在风机和电机皮带轮外端面处测量。

“风筒内壁与风扇叶尖间距”：记录各叶片尖端部距风筒内壁距离的最小值。

C.5　SH/T 3503-J305“机器组装质量确认记录”

适用于现场组装的或经过拆检的机械设备。

“机器内部组装核查情况”：由施工单位填写。

“主要缺陷及处理结果”：由施工单位填写。

“确认意见”：由建设/监理单位、总承包单位、设备制造厂专业工程师签署。

C.6　SH/T 3503-J306“往复式压缩机找平找正记录(卧式)”

整体出厂的卧式压缩机，安装水平在机身滑道面或其他基准面上测量。解体出厂的卧式压缩机，“轴向水平”在机身轴承空处测量，“列向水平”在滑道的前、中、后三点测量，且均以两端数据为准，中间数据作为参考。气缸与中体滑道轴线同轴度找正方法，应根据制造厂技术文件规定进行。机身轴向与列向水平、气缸列向水平倾向，应符合制造厂技术文件规定。

增加了“曲轴箱体安装标高偏差”和“曲轴箱体安装中心线位置偏差”两个检查项。

C.7　SH/T 3503-J307“往复式压缩机找平找正记录(立式)”

整体出厂的立式压缩机，安装水平应在拆去气缸盖后的气缸顶平面上测量。解体出厂的立式压缩机，安装水平应在机身与中体接合面上测量。气缸与中体滑道轴线同轴度找正，应根据制造厂技术文件规定进行。

增加了“安装标高偏差”和“中心线位置偏差”两个检查项。

C.8 SH/T 3503-J308“往复式压缩机曲柄臂间距检查记录”

将曲柄销置于0°、90°、180°、270°四个位置，分别测量相邻曲柄臂间的距离。

C.9 SH/T 3503-J309“往复式压缩机主轴轴线与中体滑道轴线垂直度检查记录”

本表用于拉丝法找正，“轴向窜量”和A、B、C、D、E、F、G、H的数值按图所示位置直接测量。“垂直度”通过上述测量数据计算得出。

采用其他方法检查时应在备注栏内说明。

C.10 SH/T 3503-J310“往复式压缩机主轴瓦与推力轴瓦间隙检查记录”

当采用可倾瓦轴承时，使用表SH/T 3543-G306和表SH/T 3543-G307填写。

C.11、C.12 SH/T 3503-J311、J312“往复式压缩机十字头与中体滑道间隙检查记录(卧式)”“往复式压缩机十字头与中体滑道间隙检查记录(立式)”

应在全行程各个位置上测量，均应符合制造厂技术文件规定，记录测点最小间隙数据。

C.13 SH/T 3503-J313“往复式压缩机连杆组装记录”

当连杆连接螺栓多于2条时，在备注中说明或记录在下行位置。

C.14 SH/T 3503-J314“往复式压缩机汽缸余隙检查记录”

用压铅丝法测量汽缸余隙。

C.15 SH/T 3503-J315“往复式压缩机活塞与汽缸圆周间隙检查记录”

圆周间隙用塞尺测量，卧式压缩机上部间隙应比下部间隙小5%；立式压缩机应均匀分布，偏差不应大于平均间隙的一半。

C.16 SH/T 3503-J316“往复式压缩机活塞环安装记录”中

“工作位置(C)”是活塞环在汽缸内的开口间隙。当活塞环是铸铁材料时，需在安装前检查其倒角和圆角，并将检查结果写入备注中。

C.17 SH/T 3503-J317“往复式压缩机填料函各部间隙检查记录”

根据设备实际情况在“填料型式”栏内选项。

C.18 SH/T 3503-J318-1“机器单机试车记录”

用于各类型泵、通用离心风机、轴流风机等通用机械设备的单机试车，根据要求选用“振动速度”(新增加)或“振动幅度”。

C.19 SH/T 3503-J318-2“______设备单机试车记录”

为新增表格。因目前设备形式较多，原有试车记录满足不了要求，不适用于表SH/T 3503-J318-1的通用机械设备的单机试车用此表记录。填写时，根据设备试车要求的检查项目，填写“合格/不合格”“符合/不符合”等。

C.20 SH/T 3503-J319“机组试车条件确认记录”

适用于大中型离心式压缩机、往复式压缩机、汽轮机和烟气轮机等特殊结构的机械设备和成套机械设备的单机试车。增加了设备制造厂签字栏。

C.21~C.27 SH/T 3503-J320（1、2）、J321（1、2、3）、J322（1、2）“往复式压缩机试车记录”“离心式压缩机试车记录”“汽轮机/燃气轮机试车记录”

记录中增加了“振动速度”或“振动幅度”检查项。

C.28 SH/T 3503-J323“电动机试车记录”

适用于200kW及以上电动机驱动主机时，电动机运行情况的记录。根据要求选用“振动速度”（增加）或“振动幅度”检查项。

C.31 SH/T 3503-J326“立式设备安装检验记录”

适用于立式设备整体就位检查，主要检查设备标高、位置及垂直度等内容。

C.32 SH/T 3503-J327“卧式设备安装检验记录”

适用于钢制卧式容器的整体就位检查，主要检查设备标高、位置及水平度等内容。

“滑动端鞍座滑动裕量”：应符合设计要求。

“滑动端螺母松动核验结果”：应在设备配管完成之后核查确认，并增加了“注”一栏。

C.33 SH/T 3503-J328“塔盘安装检验记录”

适用于塔盘、塔盘支撑件、溢流堰、降液板与受液盘等的检查验收，与2007年版SH/T 3503-J316表比较增加了说明栏，以便填写具体工作范围，区分施工检查内容。根据不同的塔盘形式增加的特殊检查内容可在“其他”列描述。

“塔盘编号”：可采用“N-M”形式，表示为第N层塔盘，第M检查点，在检查表后附检查点布置图。

C.34 SH/T 3503-J329“设备填充检验记录”

适用于容器内填料的安装验收。

C.35 SH/T 3503-J330“反应/沉降器附件安装检验记录”

适用于集气室、提升管、待生催化剂立管、旋风分离器、翼阀、喷嘴、吊杆、拉杆、挡板等的安装检查。对于不检查项可划掉。

C.36 SH/T 3503-J331“再生器附件安装检验记录”

适用于环形分布管、树状分布管、空气环、集气室、旋风分离器等的安装检查。

C. 37　SH/T 3503-J332“立式圆筒形储罐组装质量检验记录”

适用于立式储罐组装检查验收，主要检查储罐几何尺寸、垂直度、凹凸度、管口安装等内容。在 2007 版 SH/T 3503-J320 基础上减少了罐壁角变形内容，其安装检查和其他检查项应有 SH/T 3503-J133 或 SH/T 3543-G122 的安装检查记录，检查记录中可按工序填写，可多项内容汇于一表，见示例。

C. 38~C. 41　SH/T 3503-J333(1、2、3、4)“立式圆筒形储罐罐底真空试验记录”“立式圆筒形储罐开孔补强圈气密性试验记录”“立式圆筒形储罐浮顶/船舱严密性试验记录”“立式圆筒形储罐总体试验记录”

考虑到施工工序跨度较大、检查内容多，为便于工序控制，将 2007 版 SH/T 3503-J321“立式圆筒形储罐试验记录”表拆分成 4 张表格，增加了“试验记录”项。表 1、表 2、表 3 为单项检查表，表 4 侧重整体充水检查。

C. 42　SH/T 3503-J334“湿式气柜组装质量检验记录”

适用于湿式气柜整体检查验收，主要检查湿式气柜底板和钟罩壁板局部凹凸变形，钟罩拱顶、壁板、水槽板等直径偏差，水封安装偏差，立柱、导轨安装等内容。

C. 43~C. 46　SH/T 3503-J335(1、2、3、4)“湿式气柜底板严密性试验记录”“湿式气柜开孔补强圈气密性试验记录”“湿式气柜水槽严密性试验记录”“湿式气柜整体试验记录”

为便于工序控制，将 2007 版 SH/T 3503-J323“湿式气柜试验记录”拆分为 4 张表格。表 1、2、3 为单项检查表，在试验记录栏按设备排板图填写焊缝编号、试验人员、日期等内容。

C. 47　SH/T 3503-J336“干式气柜组装质量检验记录”

适用于干式气柜组装检查验收，主要检查气柜立柜、柜体、柜顶等部件安装偏差。

C. 48~C. 50　SH/T 3503-J337(1、2、3)“干气柜底板/活塞板/壁板严密性试验记录”“干式气柜开孔补强圈气密性试验记录”“干式气柜总体试验记录”

考虑到施工工序跨度较大，为便于工序控制，将 2007 版 SH/T 3503-J325“干式气柜试验记录”拆分为 3 张表格。表 1、表 2 为单项检查表；表 3 为整体检查，在试验记录栏按设备排板图填写焊缝编号、试验人员、日期等内容。

C. 51　SH/T 3503-J338“火炬塔架和管筒安装检验记录”

适用于塔架、管筒的分段及其整体的安装检查确认。

C. 52　SH/T 3503-J339“隔热耐磨衬里质量检验记录”

适用于隔热耐磨衬里施工的全过程检查记录。

C.53　SH/T 3503-J340“热交换设备耐压和泄漏试验记录”

表格名称进行了调整，适用于热交换设备的耐压及泄漏试验。

C.54　SH/T 3503-J341“设备耐压和泄漏试验记录”

对表格名称进行了调整，适用于设备的耐压及泄漏试验。

C.55　SH/T 3503-J342“设备热处理报告”

适用于设备热处理施工控制，同2007版SH/T 3503-J330比较，增加了“试件热处理状态”项，将原表格名称中“常压”两字删除，扩大了适用范围。

设备热处理报告，对于压力容器或特殊要求设备的热处理，原则上填写SH/T 3503-J342表；其他设备热处理填写SH/T 3543-G712表。对于特殊设备的热处理工序，可附SH/T 3503-J133表针对性设置检查内容，必要时可附图。

C.56　SH/T 3503-J343“管式炉炉体钢结构安装检验记录”

适用于管式炉炉体、炉壁板、框架、立柱、横梁等的检查验收。

C.57　SH/T 3503-J344“炉管通球试验记录”

适用于炉管的通球检查验收。

C.58　SH/T 3503-J345“管式炉附件安装质量检验记录”

适用于燃烧器、作业门、防爆门、看火门、清理孔、吹灰器、风道系统、烟道系统等管式炉附件的安装、调试检查。

C.59　SH/T 3503-J346“耐火砖砌筑炉衬质量检验记录”

适用于耐火砖砌筑炉衬的检查验收。

C.60　SH/T 3503-J347“耐火浇注料炉衬质量检验记录”

适用于耐火浇注料炉衬的检查验收。

C.61　SH/T 3503-J348“耐火纤维模块炉衬质量检验记录”

适用于耐火纤维模块炉衬的检查验收。

四、附录D　管道安装工程用表使用说明

D.1　SH/T 3503-J401“管道组成件验证性和补充性检验记录”

用于相关规范中规定的对管道组成件进行检验时所作的统计性记录，应按管道组成件名称分别填写。

增加了抽检比例，原施工单位责任人员为“施工班组长”“质量检查员”“专业工程师”，现改为“材料员”“质量检查员”“材料工程师”。

“检验项目”：包括机械性能、无损检测、化学成分、几何尺寸，均应有检验报告，此表只要求填写每一类检验项目的报告编号。

D.2　SH/T 3503-J402“阀门试验确认表”

是按型号、规格试验的汇总表，按公称压力分类填写，“试验项目”栏按下列说明填写：

“压力试验”：为壳体压力试验。

“密封试验”：为高压密封试验或低压密封试验。

“上密封试验”：除采用波纹管密封的阀门外，进行试验的打“√”；未进行的打“×”。

“试验记录自编号”：按 SH/T 3543-G406 中的“自编号”填写，同规格、同型号、同公称压力、同试验项目的阀门可填写“自编号”范围。

D.3　SH/T 3503-J403“弹簧支/吊架安装检验记录”

“位移方向”：指弹簧支/吊架的实际安装偏移方向。

“安装冷态负荷值”：指弹簧支/吊架的制造厂，按照设计文件要求对弹簧支/吊架出厂前的弹簧定位值。

D.4　SH/T 3503-J404“滑动/固定管托安装检验记录”

用于设计温度超过 350℃和低于-29℃管道的滑动或固定管托的安装检验记录。上述范围外的其他滑动/固定管托安装检验，本规范不要求；如需要，可以采用本记录，也可采用其他记录。

“型式”：指滑动管托或固定管托。

D.5　SH/T 3503-J405“管道补偿器安装检验记录”

用于记录波纹膨胀节、填料式补偿器、球型补偿器、膨胀弯管等补偿器的设计条件和预变形量。

D.6　SH/T 3503-J406-1“管道系统压力试验条件确认记录”

管道系统压力试验前，建设/监理单位、施工单位应按表中所列“检查项目与要求”进行检查，确认合格后方可进行系统耐压试验并记录。特殊管道安装，记录中未列检查项，填写在“备注”栏内。

D.8　SH/T 3503-J407“管道系统泄漏性/真空试验条件确认与试验记录”

管道系统压力试验合格后，建设/监理单位、施工承包单位应按表中所列 5 项“检查项目与要求”进行检查，确认合格后方可进行系统泄漏性/真空试验。

D.9　SH/T 3503-J408“管道吹扫/清洗检验记录”

用于管道系统水冲洗、油冲洗、化学清洗、空气吹扫、蒸汽吹扫。饮用水给水管道需进行消毒处理的，应将消毒处理结果记入“检验方法及结论”栏目内。不锈钢管道冲洗用水，附水质分析报告。

D.10～D.12　SH/T 3503-J409(A、B、C)“给排水压力流管道压力试验条件确认与试验记录”“给排水压力流管道放水法试验记录”“给排水压力流管道注水法试验记录”

其中的“压力流管道”为工作压力大于或等于0.1MPa的给水和排水管道。

J409A根据SH/T 3533—2013《石油化工给排水管道工程施工及验收规范》进行了修订，取消了严密性试验渗水量等。J409B、C为原SH/T 3543-G406-7，没有修改。

试验条件确认的检查项目与要求中“管道接口检查合格”包括无损检测合格。

D.13　SH/T 3503-J410“给排水无压力管道闭水试验条件确认与试验记录”

此为原SH/T 3543-G408，根据SH/T 3533—2013《石油化工给排水管道工程施工及验收规范》进行了修订，增加了记录的管线量。记录附试验管段位置示意图。

“无压力管道”：为工作压力小于0.1MPa的给水和排水管道。

“允许渗水量”：单位为$m^3/(24h \cdot km)$。

“实际渗水量”：是将单位转换成$L/(min \cdot m)$数值，是为了与“实测渗水量”单位一致，过程中便于判断；折合平均实测渗水量的单位又转换为$m^3/(24h \cdot km)$，判断是否符合允许渗水量。

D.14、D.15　SH/T 3503-J411(1、2)“管道焊接接头热处理报告”

按照单线号填写，一份报告可以填写一个或多个单线号。

D.20　SH/T 3503-J414“管道试压包一览表”

为新增表格，便于试压包归档后方便检索管线。

D.21、D.22　SH/T 3503-J415(1、2)“管道焊接工作记录”

为原SH/T 3543-G403，根据目前对焊接施工的重视，增加到了交工文件。取消了单线图号、无损检测报告编号、热处理报告编号，按管线进行记录。按照单线号填写，一份记录可以填写一个或多个单线号。

五、附录E　电气安装工程用表使用说明

E.1　SH/T 3503-J501“变电所受电条件确认表”

是对变电所是否具备受电条件的检查确认，检查电气设备的安装质量，一、二次设备的检试验，受送电方案及各项技术、安全措施等是否完成并得到落实。

“相关单位代表”：是除建设单位、监理单位和施工承包单位之外的其他相

关单位人员(比如生产运行人员)，检查结果填写“合格”。

E.2　SH/T 3503-J502“盘、柜基础型钢安装质量验收记录”

是在原2007版的基础上增加的表格。

“实测偏差”：预留了10个测量数据，测量点数根据现场实际情况填写，并附基础型钢测点布置示意图。不一定填满10个表栏。

E.3　SH/T 3503-J503“电缆桥架安装检查记录”

按照单位工程的区域划分进行填写。可以填写一页记录，也可以根据设计图纸分段进行检查验收，分段填写。

“检查结果”：填写“合格”；无需检查的项目，填写“—”，不能空白。

“检查日期”：据实填写。

E.4　SH/T 3503-J504“电缆敷设与绝缘检测记录”

“绝缘电阻”：应填写电缆与设备连接前测量的绝缘电阻值。通常测量每相对其他相及地的绝缘电阻值，填写其中的最低值。

E.5　SH/T 3503-J505“电缆安装质量验收记录”

“检查结果”：填写“合格”；无需检查的项目，填写“—”，不能空白。

“检查日期”：据实填写。

E.6　SH/T 3503-J506“交流电动机安装检验与空载运行记录”

“测量定子绕组绝缘电阻”应在电动机接线前测量。“主回路绝缘电阻值”“控制回路绝缘电阻值”系指空载运行前，测量线路连同电动机或控制设备的绝缘电阻值。“空载运行”记录中的振动测量值，填写振幅或振速，填写测量数据的后面要注明单位。

E.7　SH/T 3503-J507“变压器安装检验记录”

“检查结果”：填写“合格”；无需检查的项目，填写“—”，不能空白。

“检查日期”：据实填写。

E.8　SH/T 3503-J508“高/低压开关柜安装检验记录”

以组为单位，一段开关柜为一组，但有母联开关的两段开关柜也划为一组。

高、低压柜分别填写。

E.9　SH/T 3503-J509“保护/控制盘(屏)安装检验记录”

以组为单位。保护和控制盘、屏应分别填写，不能划为一组。信号盘可与控制盘划为一组。

E.10　SH/T 3503-J510“直流系统/UPS/EPS 安装检验记录”

以系统为单位。每一个系统填写一页记录。

E.11　SH/T 3503-J511“火灾自动报警系统安装检验记录”

填写时每一报警控制器(盘)及其控制范围内的探测器、报警按钮、控制设备及线路为一个系统，填写一页记录。

A.27　SH/T 3503-J122“接地电阻的测量记录”

“测量仪表型号”：填写测量仪表的型号规格，并经过国家有关部门的检定，附有检定证书，在有效期内。

A.17　SH/T 3503-J112“隐蔽工程验收记录”

要求所有隐蔽的工程项目均需填写此记录，包括接地网、预埋管隐蔽，建筑物墙壁、吊顶内的照明配管隐蔽，建(构)物防雷(防静电)引下线与柱内钢筋焊接等。

六、附录F　仪表安装工程用表使用说明

F.1　SH/T 3503-J601“仪表设备校验确认表”

在2007版基础上进行了修改，新增了“轴位移、轴振动仪表调校”，具体数值按SH/T 3543-G608填写。

“确认人”：由施工班组长填写。

F.2　SH/T 3503-J602“节流装置检查记录”

此表在SH/T 3543—2007版基础上进行了修改，调整到SH/T 3503—2017中。

“节流件直径”“节流件厚度”：“设计”数据填写来源设计规格书；如果设计规格书无此数据，可以不填写。

“直管长度”：根据SH/T 3551—2013第5.3.1条“安装前应对流量节流件的外观及节流孔直径进行检查和测量”，填写“合格”“不合格”。其判断的标准按SH/T 3551—2013第5.3.2条“流量取源部件上、下直管段的最小长度，应按设计文件规定并符合产品技术文件的有关要求”。

“测量管引出方式”：根据设计文件并核对到货流量节流件，填写法兰取压、角接取压等。

“检查结果”：填写“合格”“不合格”。

F.3　SH/T 3503-J603“仪表管道压力试验记录”

备注栏中注明“本表格只能填写相同试验环境温度、相同试验介质温度下的数据”，基于仪表测量管的介质具有不流动特性，可按环境温度进行试验。

“管道名称”：填写引压管。

“试验压力”：压力的确定，可根据SH/T 3551—2013第11.4.2条“液压试验应选用清洁水，试验压力为设计压力1.5倍”或第11.4.1条“气压试验宜用净化空气或氮气，试验压力为设计压力1.15倍”。

“试验结果”栏填写合格或不合格。

“试验人”：填写施工作业人员。

F.4　SH/T 3503-J604“仪表管道泄漏性/真空度试验条件确认与试验记录”

根据 SH/T 3521—2013 第 10.6.9 条“测量管道压力试验时，不得带变送器进行压力试验，应关闭靠近变送器的阀门，并打开变送器本体放空针形阀或排放丝堵，当试验压力不超过差压变送器的静压力时，可打开三阀组平衡阀进行压力试验”，试验结果按仪表位号填入表格中。根据 SH/T 3521—2013 第 5.2.1 条“高压及接触有毒、可燃介质的温度计保护套管应随工艺管道一同进行压力试验”，试验结果按仪表位号填入表格中。

试验时间：根据 SH/T 3551—2013 第 11.4.3 条“当工艺系统规定进行真空度或泄漏性试验时，仪表测量管道应同工艺系统一起进行试验”。

检查方法为现场检查。

“检查结果”：填写“合格”“不合格”。

F.5　SH/T 3503-J605“综合控制系统机柜/仪表盘/操作台安装检验记录”

2017 版将 2007 版的“DCS 机柜”改为“综合控制系统机柜”，覆盖面更加全面。

表格中检查项第 6 项为新增项，是根据 SH/T 3551—2013 第 9.5.4 条“本安与非本安线路在电缆沟中敷设时，间距应大于 50mm”。

表格中检查项第 8 项中“光缆测试”为新增项，将具体数据填写于 SH/T 3543-G617“光缆敷设及测试记录”表格中。

表格中检查项第 9 项中“防爆性能”为新增项，是根据 SH/T 3551—2013 第 9.8.1 条“安装在爆炸危险环境的仪表、仪表线路、电气设备及材料必须有质量证明文件，其规格型号及安装方式必须符合设计文件规定，防爆设备应有铭牌和防爆标志，并在铭牌上标明国家授权的部门所发给的防爆合格证编号”。

F.6　SH/T 3503-J606“综合控制系统送电条件确认表”

检查方法为现场检查。

“控制室的土建交安手续已办理”：为新增检查项，将具体内容填写于 SH/T 3543-G112“工序交接记录”。工序交接记录内容要根据 SH/T 3551—2013 第 8.11.1 条“过程控制系统安装前，施工单位应同监理、建设单位或总包单位检查控制室和机房，共同确认安装前应具备下列条件：

a）机柜基础型钢已安装完毕。

b）室内装饰工程已施工完毕，室内杂物清理干净。

c）空调系统安装调试完毕，已处于正常运转状态，室内温度、湿度均达到系统要求。

d）室内照明已全部施工完毕，投入正常运行。

e）接地极及接地系统总线已施工完毕，接地电阻符合设计文件规定。

f）控制室已具备封闭式管理条件，室内附履公用设施已完备。

g）卫生清扫工具、吸尘器、灭火器及防鼠器等已准备就绪”。

“接地”的“确认结果”，依据 SH/T 3503-J122 填写。

F.7　SH/T 3503-J607“综合控制系统基本功能检测记录”

2017 版新增了“施工单位/检测及施工单位/调试单位”，应根据合同内容，由具体的测试单位的相关人员签署。

F.8　SH/T 3503-J608“报警/联锁系统与可编程序控制系统调试记录”

2017 版新增了“施工单位检测及施工单位/调试单位”，应根据合同内容，由具体的测试单位的相关人员签署。

根据 SH/T 3551—2013 第 14.4.1 条 SIS 系统和顺控系统应根据设计“逻辑图”“因果关系表”进行试验检查。

检验方法为核对设计文件，现场逐项检查。

举例：

根据下图逻辑图号填写“16001-1200K-D6-01”。

联锁/回路号填写“LT6004H、LT6004L、LT5002H、LT5002L”。

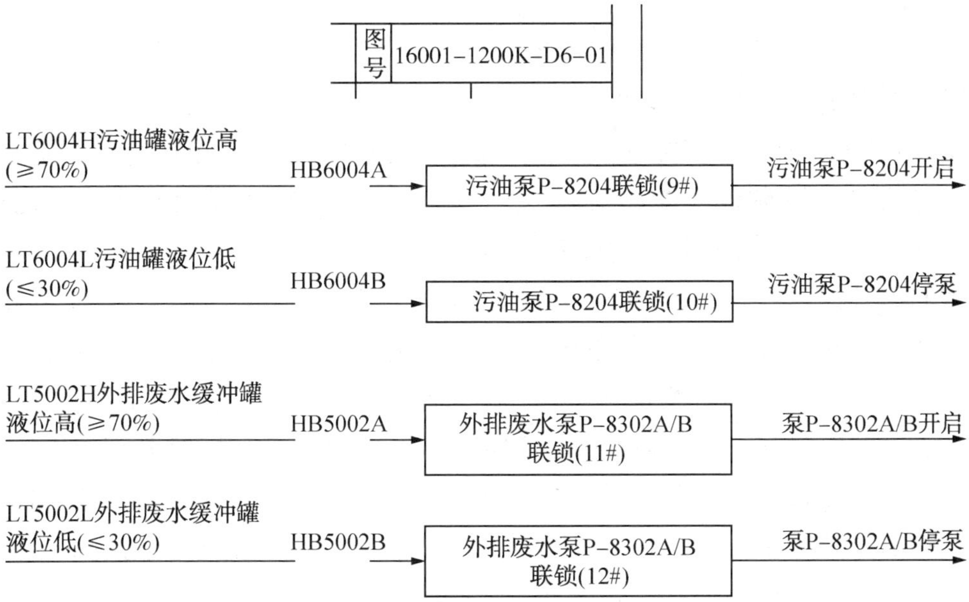

F.9　SH/T 3503-J609“联校试验条件确认表”

2017 版将“试验计划”改为“试验方案”；“主桥架安装”改为“桥架安装”；

“管道压力试验”改为“仪表管道压力试验”；“管道泄漏性试验”改为“仪表管道泄漏性试验”；“管道真空度试验”改为“仪表管道真空度试验”；“接地极安装和接地电阻测量”改为“接地系统”。

“控制系统调试”：为新增项，是根据 SH/T 3503-J607“综合控制系统基本功能检测记录”表格，经建设或监理单位确认后，判断“控制系统调试”合格或不合格。

F.10、F.11　SH/T 3503-J610(1、2)“联校调试记录”

2017 版新增“报警/联锁”实测值。

“调节器作用”：填正作用或反作用，数据来源其控制系统内部的组态数据(常规仪表按调节器实际设置填写)。

“调节阀确认”：FC 或 FO 二者选其一，填√。当设计调节阀为 FL、FLC、FLO 等时，在 FC 或 FO 栏目上填写 FL、FLC、FLO。调节阀 FC 或 FO、FL、FLC、FLO 的调试应在现场进行，模拟调节阀供气气源故障，确认其调节阀动作状态是否满足设计要求。

七、附录 G　压力容器现场组焊安装工程用表使用说明

G.1　SH/T 3503-J701“现场组装记录”

除签字栏外，其他内容同 2007 版 SH/T 3543-G706 表，适用于压力容器现场组装口的检查。

“测量部位”：按设备排板图的焊缝编号填写，保证组对口周长、焊缝错边量、棱角度等的尺寸符合要求。

G.2～G.5　SH/T 3503-J702、J703、J704、J705“球壳板/支柱到货检验报告”“球形储罐预制件检查记录 赤道带/温带板”“球形储罐预制件检查记录 极板/极中板”“球形储罐预制件检查记录 支柱”

表 J702 为汇总表，具体检测数据填写表 J703、J704、J705。表中“球壳板编号”“支柱编号”按出厂编号或按排版图自编号填写。球壳板厚度等需无损检测的数据，需根据无损检测报告填写，必要时附检测报告或检查记录。

G.6、G.7　SH/T 3503-J706、J707“球形储罐组装尺寸检查记录”

适用于球壳板组装尺寸检查记录。检查内容项同 2007 版 SH/T 3543-G717 表。支柱编号位置示意图中应根据设备实际支柱数量、编号顺序在图上进行绘制和标注。不合格项需要在结论栏中做出描述或附页说明。

“焊缝编号”：按设计图纸给定的管口编号填写。

“实测值”：为抽查实测最大值。

G.8　SH/T 3503-J708"球形储罐支柱检查记录"

检查内容项同2007版SH/T 3543-G718表。适用于球罐支柱直线度和垂直度的检查。注意支柱的动态监控，测量时机的设置一般包括球罐组装完成后(焊接前)、焊接过程中及焊接完成后、热处理过程中及热处理完成后、全部施工完后等几个阶段。

G.11、G.12　SH/T 3503-J711(1、2)"焊缝焊接施工记录"

为新增表格，对焊接过程中焊工、焊缝规格、焊接方法、焊接电流、焊接电压、焊接速度、热处理等进行记录。

G.13　SH/T 3503-J712"焊缝返修施工记录"

为新增表格，对焊缝的返修过程进行记录。

"返修部分"：填焊缝编号。

"返修片位号"：根据返修片实际标记填写。

八、附录H　起重机械安装工程用表使用说明

附录H起重机械安装工程用表，全部是从SH/T 3543中移入，本次修订对原有起重机械表格没有进行测量、检查内容的修改，增加了相应的签字人员栏。

起重机械属于特种设备，在项目建设过程中，施工单位要提前编制资料交工计划，整理项目共安装多少台起重机械，组卷时将其放在一起进行组卷，后放入设备安装工程卷。

本附录所列入的14张表格为起重机安装用表，其中SH/T 3503-J801～J811是根据GB 50278—2010《起重设备安装工程施工及验收规范》的规定编制。对起重机本体的各项检查应在起重机吊装前和组装过程中进行，起重机跨度两侧都应测量，测量方法应符合GB 50278—2010附录A的要求。主梁上拱度最大值应处在主梁跨度中部$S/10$的范围内，测量方法应符合GB 50278—2010附录B的要求，上拱度F为$S/1000$。表中测量允许值应按设备安装说明书规定填写；无规定时，按GB 50278—2010的规定填写。表格中的实测项目，当实测数据多于1个时，记录偏差最大的数据，且在"备注"中说明最大偏差的具体情况，必要时附图说明。

H.1　SH/T 3503-J801"起重机轨道与车挡安装检验记录"

"控制方式"：填写"手动"或"电动"。

"供电方式"：填写"直流"或"交流"。

"工作环境"：填写"室内"或"室外"。

H. 2　SH/T 3503-J802“手动单梁起重机安装检验记录”

当有特殊要求时，应检查起重机跨度的相对差。

H. 3　SH/T 3503-J803“手动双梁起重机安装检验记录”

当有特殊要求时，应检查对角线的相对差。

H. 4　SH/T 3503-J804“手动单梁悬挂起重机安装检验记录”

当有特殊要求时，应检查对角线的相对差。当现场组装主梁时，应检查主梁旁弯度。

H. 5　SH/T 3503-J805“电动单梁起重机安装检验记录”

当现场组装主梁时，应检查“主梁旁弯度 f”为 $S/2000$。

H. 6　SH/T 3503-J806“电动葫芦双梁起重机安装检验记录”

有特殊要求时，检查对角线相对差。大车车轮水平偏斜，在同一端梁下两车轮的偏斜方向应相反。当现场组装主梁时，应检查主梁旁弯度，并应向两主梁外侧凸起。

H. 7　SH/T 3503-J807“电动单梁悬挂起重机安装检验记录”

当现场组装主梁时，应检查“主梁旁弯度 f”为 $S/2000$。

H. 8　SH/T 3503-J808“通用桥式起重机安装检验记录”

当现场组装主梁时，应检查起重机跨度的相对差。

H. 9　SH/T 3503-J809“双梁通用门式起重机和装卸桥安装检验记录”

“悬臂端上翘度 F_0”：测量方法应符合 GB 50278—2010 附录 B 的要求，悬臂端上翘度 F_0 为 $L_0/350$。

“对角线 L_1、L_2 的相对差 $|L_1-L_2|$”：当现场组装桥架时，应检查对角线相对差。

“主梁旁弯度 f”：应向外侧凸起，并应在上翼缘板距离 100mm 的腹板处测量。

H. 10　SH/T 3503-J810“单主梁门式起重机和装卸桥安装检验记录”

“悬臂端上翘度 F_0”：为 $L_0/350$。

“主梁旁弯度 f”：应向外侧凸起，并应在上翼缘板距离 100mm 的腹板处测量。

H. 11　SH/T 3503-J811“臂上起重机和柱式悬臂起重机安装检验记录”

适用于起重量为壁上起重机和柱式悬臂起重机。

H. 12～H. 14　SH/T 3503-J812、J813、J814“起重机械负荷试验条件确认表”“起重机械空负荷试验记录”“起重机械负荷试验记录”

根据部分地区特种设备安全监督管理部门制定的起重机械试验检查报告表格进行编制，用于施工、监理、建设单位对起重机械试验结果的验收确认。

第六章　SH/T 3543—2017 附录表格使用说明

一、附录 A　通用表使用说明

A.1　SH/T 3543-G101“封面”

用于石油化工建设工程项目施工过程技术文件卷首页。

A.3　SH/T 3543-G103“施工过程技术文件目录”

为建设工程项目的施工过程文件目录，编列在施工过程技术文件卷首的次页。

A.4　SH/T 3543-G104“施工过程技术文件编制说明”

由文件的编写人填写。说明施工过程文件的编写依据、文件的概况、文件主要内容和相关文件所在卷以及工程施工中需要特别说明的事项。

A.5　SH/T 3543-G105“施工过程技术文件归档移交证书”

为项目部施工过程文件编制人向档案部门接收人移交时签署的文件，该表编入施工过程技术文件的第 1 卷(综合卷)。

A.6　SH/T 3543-G106“质量体系人员登记表”

用于在工程项目上 GB/T 19001《质量管理体系要求》和 TSG Z0004—2007《特种设备制造、安装、改造、维修质量保证体系要求》的责任人员的登记，责任人员发生变动时，应及时补办任命手续并进行重新登记或将变更情况记录在登记表里。

A.7　SH/T 3543-G107“特种设备作业人员登记表”

根据《国家质量监督检验检疫总局关于修改〈特种设备作业人员监督管理办法〉的决定》(质检总局令第 140 号)(2011 年 5 月 3 日)和《特种设备作业人员作业种类与项目》(质检总局公告 2011 年第 95 号)规定的锅炉、压力容器、压力管道、电梯、起重机械、场(厂)内机动车辆等特种设备的作业人员及其相关管理人员统称特种设备作业人员。特种设备作业人员应经考核合格取得“特种设备作业人员证”方可从事相应的作业或管理工作，包括特种设备生产(安装、改造及维修)和使用两个领域的人员，一是特种设备操作人员，如电梯作业、起重机械作业、场(厂)内机动车辆、锅炉作业、压力容器作业、压力管道作业等人员；

二是特种设备生产(安装、改造及维修)人员，如焊接、无损检测、起重机机械与电气安装维修等作业人员；三是特种设备管理人员。取得《特种设备作业人员证》的人员，应登记此表。

A.8　SH/T 3543-G108“特殊工种作业人员登记表”

根据《特种作业人员安全技术培训考核管理规定》(国家安全生产监督管理总局令第30号)，特种作业人员需要经过考试合格并取得证书才能上岗作业，如电工作业、金属焊接切割、起重机械作业和登高作业等作业人员。

A.9　SH/T 3543-G109“周期检定计量器具清单”

其中，施工人员使用的计量器具，应按国家检定规程规定的周期进行检定，具备有效的检定合格证，并填此表。

A.10　SH/T 3543-G110“施工图核查记录”

图纸会审前，施工单位专业技术负责人组织相关人员进行施工图核查，填写此表。在工程不同阶段，不同专业可能进行多次“施工图核查”，均应填写此表存档。

A.11　SH/T 3543-G111“技术交底记录”

项目部专业技术人员向施工作业人员进行的技术交底填写此表。

A.12　SH/T 3543-G112“工序交接记录”

土建基础完工后向设备、管道、电气、仪表等安装单位的交接、机器设备安装完毕向管道安装单位的交接等，均应填写此表。“组织交接单位/部门”栏视参建单位的组织形式，同一施工单位的工序交接由施工单位自行组织；不同施工单位之间的工序交接由建设单位/监理单位组织。

A.13　SH/T 3543-G113“质量控制点检查记录”

由施工单位的质量检查部门进行检查的C级质量控制点填写此表；A、B级质量控制点的报验，应按《石油化工建设工程项目监理规范》SH/T 3903—2017规定的有关用表填写。

“质量工程师”是指本专业质量责任师。

A.14　SH/T 3543-G114“二次灌浆记录”

二次灌浆指的是设备、钢结构等的底座与基础(或钢结构柱底板与基础)之间的灌浆。一次灌浆、三次灌浆可参照此表。

“灌浆料种类”栏应填写型号(标号)与名称，如C30细石混凝土等。

“配合比”栏填写水、水泥、砂子和石子或水与专用灌浆料的配合比。

A.15～A.21　SH/T 3543-G115～G121

都是焊接作业的过程质量控制记录资料，涉及的专业有土建、管道、设备、仪表等相关专业。G115、G116表中“烘烤负责人”指烘烤人，G117、G118、

G119 表中“发放人”改为“领用人”，签署栏中增加“发放人:”详见勘误表：G117、G118、G119 表。

A. 22 SH/T 3543-G122“______施工检查记录”

各专业、各种综合检查、专项检查均可使用，可以把表为面单，增加附件涵盖更多内容。要放进施工过程技术文件的各项检查使用此表，指土建阶段。(SH/T 3503-J133“安装检查记录”安装阶段用表)

A. 23 SH/T 3543-G123“______试验/调校记录”

为通用表，作为相关专业用表的一种补充，可根据需要自行设置格式。

A. 24～A. 27 SH/T 3543-G124～G127“射线检测拍片记录”“超声检测记录”“磁粉检测记录”“渗透检测记录”

是射线、超声、磁粉、渗透 4 种通用无损检测方法的过程记录，详见无损检测部分。

二、附录 B 土建工程施工用表使用说明

B. 1～B. 3 SH/T 3543-G201～G203“钢框架安装记录”“钢桁架安装记录”“钢网架安装记录”

钢框架、钢桁架和钢网架是钢结构工程中常见结构形式。由于钢框架形式状态种类繁多，在 SH/T 3543-G201“钢框架安装记录”中“检查项目”预留三行空格栏，其他未列入的检查项目可根据工程实际填写记录。附图及说明栏的填写应用图形示意结合文字描述。

“名称”：填写图纸中的名称。

“允许偏差”：根据规范给出的公式并结合图纸中的尺寸计算得出。

“备注”：可依情况填写实测时需说明的内容。

B. 4 SH/T 3543-G204“钢吊车梁安装记录”

“吊车起重能力”：按照图纸填写。

“允许偏差”：根据规范给出的公式计算得出。

“备注”：可依情况填写实测时需说明的内容。

B. 5 SH/T 3543-G205“高强度螺栓连接检查记录”

“扩孔数量”：以实际发生为依据填写，若发生应在“备注”栏注明批准文件编号和处理方式。

B. 6 SH/T 3543-G206“钢筋混凝土构件吊装检查记录”

“检查内容”：按照所列项目检查填写。

“安装位置”：填写构件安放的详细位置。

“检查意见”：明确与标准规范和图纸要求的符合性。

B.7　SH/T 3543-G207“建筑工程防腐蚀施工检查记录”

为非工厂化防腐工程用表。表格中的“检查意见”栏由质量检查员填写，其他栏目由专业工程师根据工程图纸要求填写。

B.8　SH/T 3543-G208“防火层施工检查记录”

为通用表格，表格中的“检查意见”栏由质量检查员填写，其他栏目由专业工程师根据工程图纸要求填写。

B.9　SH/T 3543-G209“地基钎探记录表”

为新增表格，是依据 GB 50202《建筑地基基础工程施工质量验收标准》中，对天然地基验槽(收)时地基承载力和均匀性及地基中可能的伤害所做的辅助性检测活动，通常由施工单位根据规范和设计要求进行作业并记录，待验收时提供给有关人员参考。

GB 50202—2018《建筑地基基础工程施工质量验收标准》第 3.0.4 条规定“地基基础工程必须进行验槽，验槽检验要点应符合本标准 A 的规定”，而附录 A.2.3 条则要求天然地基验槽前应普遍进行轻型动力触探检测，检验数据作为验槽依据。该规定说明该表伴随验收天然地基时，应与验槽记录表一并留存。“轻型动力触探检测”通常指由施工单位依据工艺做法进行的，俗称钎探检测，有别于地质勘查单位所做的各种检测，二者系不同时期、不同单位、不同检测目的所进行的检查活动。

B.10　SH/T 3543-G210“大体积混凝土测温记录”

是依据 GB 50496《大体积混凝土施工标准》所新增的表格。近些年石油化工工程大型化设备基础越来越多，使得大体积混凝土作业增加，控制混凝土内部温度是保证质量的必要手段，施工时予以记录是证明质量所必须的。

三、附录 C　设备工程施工用表使用说明

C.1　SH/T 3543-G301“机器拆检及组装记录”

适用于小型机泵类设备解体检查。当设备制造厂现场指导安装时，制造厂现场指导人员在签署栏中的空白栏签署。

C.2、C.3　SH/T 3543-G302、G303“齿式联轴器组装记录”“膜片式联轴器组装记录”

“联轴器安装部位”：填写联轴器两端设备名称，如“电动机—变速箱”“汽轮机—压缩机低压段”。

C.4、C.5　SH/T 3543-G304、G305“变速箱齿轮轴转子跳动量检查记录”“变速箱齿轮组装记录”

可用于四个轴以下变速箱；当变速箱轴数多于本表时，可填写两张记录表格或增加一栏记录。

C.6　SH/T 3543-G306“径向滑动轴承组装记录”

“检测部位”：按设备装配图中标注的名称或按驱动端方向为前、非驱动端为后进行填写，如裂解气压缩机低压缸的两个轴承，写为“低压缸前轴承”“低压缸后轴承”。每一个轴承分别测量 2 点顶间隙，2 对侧间隙。

C.7　SH/T 3543-G307“止推滑动轴承组装记录”

“瓦块厚度”：用于记录多瓣片轴承。

C.8　SH/T 3543-G308“油封间隙检查记录”

本表为通用表，用于具有油封结构的所有设备。

“检测部位”：填写所检测设备名称和部位名称，如“压缩机低压缸驱动端轴承箱外侧”。

C.9、C.10　SH/T 3543-G309、G310“电动机/发电机组装记录”“电动机/发电机定子与转子间空气间隙检查记录”

为通用表，当检查电动机时，将表头中的发电机划掉，反之亦然。

C.11、C.12　SH/T 3543-G311、G312“汽轮机转子跳动量检查记录”“汽轮机转子装配间隙检查记录”

当设备实际结构与检测部位示意图不一致时，需根据设备实际结构绘制并编号，编号所代表的部位应在备注中说明。

C.13　SH/T 3543-G313“汽轮机喷嘴与叶片最小间隙记录”

其中，“级次”从高压端开始编号。

C.14、C.15　SH/T 3543-G314、G315“离心压缩机转子跳动量检查记录”“离心压缩机转子迷宫(梳齿)密封装配间隙检查记录”

当设备实际结构与检测部位示意图不一致时，需根据设备实际结构绘制并编号，编号所代表的部位应说明。

C.16　SH/T 3543-G316“机组滑销系统间隙检查记录”

本表为通用表。

“安装部位”：填写机器名称和滑销(螺栓)安装位置名称，文字表述不清时应附图说明。

C.18　SH/T 3543-G318“烟机转子各部间隙检查记录”

图中 a、b、c 所示分别为径向轴承间隙和止推轴承间隙，检测数据填写于表 SH/T 3543-G306 和表 SH/T 3543-G307 中。

“检测部位名称”：栏内填写间隙测量部位部件的名称，如“叶片顶”。

C.19 SH/T 3543-G319“AV轴流压缩机导向键间隙检查记录”

表中所列间隙在下机壳就位后检查。

C.20 SH/T 3543-G320“AV轴流压缩机支腿间隙检查记录”

本表是机壳支腿、底座、螺栓间的组装间隙，其值应符合制造厂技术文件的规定。

C.21 SH/T 3543-G321“AV轴流压缩机伺服马达检查记录”

伺服马达各部组装间隙应符合制造厂技术文件规定。

C.22 SH/T 3543-G322“AV轴流压缩机静叶角度开度检查记录”

测量静叶角度开度时，万能角度尺应靠近叶根，并垂直于叶片轴线。

C.23 SH/T 3543-G323“AV轴流压缩机调节缸两侧支撑装配间隙检查记录”

表中 D、d、a、b 为实测值，c 为计算值。

C.24 SH/T 3543-G324“AV轴流压缩机静叶驱动环与滑块间隙检查记录”

驱动环端面应打有标记，侧间隙允许值按设计文件规定填写；实测值“间隙 c”通过对驱动环尺寸 a 和滑块尺寸 b 的测量结果计算出来，即 $c=a-b$。

C.25 SH/T 3543-G325“AV轴流压缩机转子跳动量检查记录”

转子圆跳动检查应以转子0°标记为起点，按旋转方向转动测量。

C.26 SH/T 3543-G326“转子迷宫密封间隙检查记录”

密封间隙必须逐片检测，编号顺序从轴端向轴中心部位。入口侧、出口侧、左侧、右侧、上部、底部间隙分别测量和记录，其中，密封片径向间隙，在垂直方向应用贴胶布法检测，水平方向用塞尺在下密封检测，塞尺不应超过三片。密封片的轴向间隙应在止推盘紧贴主止推瓦块时，在下密封水平剖分面处检测。

C.27 SH/T 3543-G327“AV轴流压缩机叶顶间隙检查记录”

叶顶间隙检查时，首先测量确定最高动、静叶片，把最高动叶片转至最上或最下位置，在最上或最下部各取3~4只叶片，用压铅法测量动、静叶片垂直方向的顶间隙；当轴流压缩机的轴承座与机壳是分体结构时，应先找好转子的扬度，然后测量间隙；动叶两侧间隙检查应选首级、末级任一叶片为基准，转动转子对应检查，先确定转子与缸的中心位置，再进行逐片检查；静叶两侧间隙检查应在下静叶机壳水平剖分面处用塞尺检查，或在转子上贴胶布涂色，转动转子对静叶进行逐片检查；叶顶间隙用贴胶布法检查。动、静叶栅的轴向间距应在止推盘紧贴主止推瓦块和一级静叶在最大开度时检查。测量方法应在备注中说明。

C.28　SH/T 3543-G328“转子位置检查记录”

本表用于水平剖分式机器转子在缸体和轴承箱中的径向位置与轴向位置的测量。其径向位置应在下轴承箱或机器下缸体左、下、右三个位置检测，轴向位置应在止推盘紧贴主止推瓦块时，分别在吸气侧和排气侧检测。

施工现场有设备制造厂的现场代表时，需要现场代表在资料上签字，现场没有代表的直接画“—”就可以了。

C.29　SH/T 3543-G329“炉砖架安装检查记录”

“实测值”：横排单元格内数字为抽查点编号，其抽查点的具体部位应在备注中说明，必要时附测点部位示意图。

C.30　SH/T 3543-G330“锚固件安装检查记录”

“锚固件布置示意图”：根据实际图纸要求进行绘制。

C.31　SH/T 3543-G331“炉管板/管架安装检查记录”

本表在对“炉管板”或“管架”安装质量检查时需分别填写，并将表头中不检查的项划掉。

C.32　SH/T 3543-G332“燃烧器安装检查记录”

“燃烧器编号”：按设计图纸给出的编号填写。

C.33　SH/T 3543-G333“炉管吹扫记录”

“炉管编号”：按出厂编号填写，如果没有出厂编号时，由施工单位自行编号，并在示意图中说明。

C.34　SH/T 3543-G334“衬里浇注料搅拌记录”

“盘数”：填写当日开盘的序列号。

“配合比(质量比)”：按产品技术文件填写各组分材料名称和数值，包括水的用量。

“出罐时间”和“出罐温度”：填写实际时间和浇注温度，签署栏内日期填写当日日期。

“使用部位”：填写设备或管道衬里的具体位置。

C.35　SH/T 3543-G335“衬里养护记录”

“环境温度”：填写每次测量的最高值。

“养护措施实施”：根据实际情况填写。

C.36　SH/T 3543-G336“衬里工程试块成型记录”

试块应根据施工规范要求留置，并作出编号、使用部位、成型日期等标识。

C.37　SH/T 3543-G337“设备焊接工作记录”

此表用于压力容器和非压力容器现场组焊，与2007年版SH/T 3543-G349

比较删除表名中“现场组焊”内容，增加适用性，表格内容中增加“焊接材料”栏，将原“焊材牌号”列改为“焊缝规格”列。

“焊接位置”：填写施焊焊缝所属位置，即平、立、横、仰或上述位置的组合。

“焊缝规格”：按图纸填写，可为厚度、长度等参数或参数组合。

说明：对于压力容器或需要记录焊接线能量的特殊材质的焊接，填写 SH/T 3503-J711 表，其返修记录填写 SH/T 3503-J712 表；其他设备的焊接和返修填写 SH/T 3543-G337 表。对于特别重要焊接工序，可附 SH/T 3503-J133 表进行针对性设置检查内容，必要时可附图。

C. 38　SH/T 3543-G338“空冷式换热器构架安装记录”

本表专用于空冷式换热器构架现场组装，按单台或连体位号填写。立柱安装各检查点的测点位置应附图说明。

“立柱安装”中的“实测(最大)值”：填写立柱的底部和顶部的测量数据。

“风筒安装”：应为风筒上部和下部的实测值。

四、附录 D　管道安装工程施工用表使用说明

D. 1　SH/T 3543-G401“连接机器管道安装检查记录”

连接机器管道安装合格后，机器不得承受设计以外的附加载荷，此表是记录管道与机器连接后的检查结果。

“执行标准”：填写实际执行的标准规范、设计文件、设备说明书。

“自由状态下法兰检验”：是在管道施工期间，与机器相连的管线安装组对完成后拆除法兰螺栓，对法兰对中情况进行检查，要求所有螺栓能顺利通过。

“检查结果”：填写“合格”“符合要求”或“不合格”。

D. 2　SH/T 3543-G402“管道焊接接头报检/检查记录”

该表由施工班组长每天向质量检查员报检；质量检查员检查确认并确定无损检测的焊口。

“焊口编号”：按照 SH/T 3558—2016《石油化工工程焊接通用规范》附录 B 要求的格式填写，不同的焊口类型要分开。

“焊接位置”：参照 TSG Z6002—2010《特种设备焊接操作人员考核细则》表 A-4“试件类别、位置与代号”填写对应的代号，也可直接填写“水平转动”“水平固定”“垂直固定”“45°固定”“45°转动”“垂直仰焊”等。

D. 3　SH/T 3543-G403“带方向闸阀安装检查记录”

该表用于带方向的闸阀安装。

“阀门编号”：为检查到的阀门编号或自编号。

“设计要求安装方向”：填写“顺流向”或“逆流向”。

“连接方式”：填写“焊接”或“法兰连接”。

“安装状态”：填写“符合”或“不符合”。

D.4　SH/T 3543-G404“金属环垫/透镜垫安装检查记录”

“垫片型式”：应填写“八角”“椭圆”或“透镜”等。

“密封面接触状况”：填写经接触检查后的实际状况，具体应写“连续”或“间断”。

D.5　SH/T 3543-G405“管道材料发放记录”

为新增表格。取消了压力管道元件与焊接材料质量证明文件一览表。

D.6　SH/T 3543-G406“阀门检验试验记录”

“自编号”：应保证安装后的阀门可追溯到阀门安装前已经过压力试验的见证文件。

“解体检查结果”：对已进行解体检查的阀门填写；未发生的填“—”。

D.7　SH/T 3543-G407“管道化学清洗过程检查记录”

该表用于管道内表面的化学清洗处理；不适用于不锈钢管道焊缝外表面的酸洗钝化处理。

D.8　SH/T 3543-G408“仪表取源部件开孔/焊接检查记录”

该表用于仪表取源部件支管开孔和对接连接焊缝。

“内洁检查”：填写开孔周边和管道内部检查情况，无黏附性飞溅物者为合格；反之为不合格。

“节流元件法兰与管子焊接内表面”：填写打磨后的状态，打磨齐平为合格；反之为不合格。

D.9　SH/T 3543-G409“管道焊接工艺检查记录”

该表用于有线能量要求和预热、后热要求的焊接接头工艺纪律抽查。

上述范围外的其他焊接接头工艺纪律抽查，本规范不要求；如需要可以采用本记录，也可采用其他记录。

D.10　SH/T 3543-G410“管道材料材质标识检查记录”

此表适用于管道安装完成后对管道材质标识进行核查时的记录。强调了安装后的检查。

D.12　SH/T 3543-G412“管件宏观检查记录表”

此表适用于管件到货后对管件进行宏观质量检查时的记录。该检验应当按生产批进行检查。

五、附录E 电气安装工程施工用表使用说明

E.1 SH/T 3543-G501“电气设备交接试验记录首页”

用于试验单位签字盖章。

E.2 SH/T 3543-G502“交流电动机试验记录”

用于三相同步电动机和异步电动机。对电压1000V以下、容量100kW以下的鼠笼电动机，在SH/T 3503-J506“交流电动机安装检查与空载运行记录”中已包括其试验项目，故不填写此记录。

“名称”：填写同步电动机、绕线式异步电动机或鼠笼式异步电动机。

E.3 SH/T 3543-G503“直流电动机试验记录”

有关直流电动机的试验，随着交流电动机应用的普及基本上很难碰到了；但考虑到有可能还存在，故将此表格保留。

E.4 SH/T 3543-G504“电力变压器试验记录”

用于双线圈电力变压器，也可用于变流、整流、电炉变压器。

“铭牌”中的“额定电压”：应填写一次电压/二次电压。

“变压比”中的“铭牌变比”“实测变比”：只填写比值。

E.5 SH/T 3543-G505“电压互感器试验记录”

用于一组单相电压互感器或一台三相电压互感器。用于三相电压互感器时，出厂编号填写在不分相的“出厂编号”栏内，分相栏内划“—”。

“变压比”中的“铭牌变比”：填写一次电压/二次电压(如6000/100)。

E.6 SH/T 3543-G506“电流互感器试验记录”

用于一组电流互感器。

“铭牌变比”：填写一次电流/二次电流(如600/5)。

E.7 SH/T 3543-G507“真空断路器试验记录”

主要用于真空断路器；如需要进行六氟化硫断路器试验，参照本表绘制。

“机械特性”中的“分闸(ms)”和“合闸(ms)”：为略写，其全称是分闸时间、分闸同期性和合闸时间、合闸同期性、合闸时触头的弹跳时间。

E.8 SH/T 3543-G508“电力电缆试验记录”

要求对橡塑绝缘电力电缆采用交流耐压试验；对18kV及以下的橡塑电缆，由于在现行IEC标准中保留了直流耐压试验，所以要求在条件不具备的情况下，允许对 U_0 为18kV及以下的橡塑电缆采用直流耐压试验。

E.9 SH/T 3543-G509“并联电容器试验记录”

用于一组电容器。

E.10　SH/T 3543-G510“氧化锌避雷器试验记录”

可填写三组避雷器试验记录。“直流 1mA 时直流电压 U_1”即直流参考电流为 1mA 时的直流参考电压。如产品要求直流参考电流不是 1mA 时或要求测量工频参考电压时，应使用 SH/T 3543-G123“试验/调校记录”。测量避雷器绝缘电阻时连同基座绝缘电阻一并测量，填写于备注栏中。测量避雷器绝缘电阻时连同基座绝缘电阻一并测量，填写于备注栏中。如果现场安装的避雷器名称为氧化物避雷器的，也可以填写在本表中。

E.11　SH/T 3543-G511“交流耐压试验记录”

仅用于没有单独的记录表格且需测量绝缘电阻和交流耐压的高压设备，如隔离开关、负荷开关、高压熔断器、套管、绝缘子等有关试验。

“绝缘电阻”“交流耐压”：填写测量记录的最低值。

E.14　SH/T 3543-G514“中间/信号继电器试验记录”

“直流电阻”：仅在二次回路计算需要此参数时填写。

E.15　SH/T 3543-G515“电测量指示仪表检验记录”

“检查结果”：填写“合格”或“不合格”。

E.17　SH/T 3543-G517“综保继电器调校记录”

为新增表格。另外，还有六氟化硫断路器、六氟化硫封闭式组合电器本次没有列入，可根据 GB 50150 电气设备交接试验标准填写 G123（自行绘制）。隔离开关、负荷开关、高压熔断器、套管、绝缘子等有关试验可以填写到 G511 交流耐压试验记录中。

“保护类型”：填写“电流速断”“定时限过流”“差动保护”等。

“动作形式”：填写“跳闸”“报警”等。

E.18～E.21　SH/T 3543-G518、G519、G520、G521“机抽芯检查记录”“电机干燥记录”“变压器器身检查记录”“变压器干燥记录”

用时填写。

E.22　SH/T 3543-G522“断路器安装调整记录”

用于真空断路器和六氟化硫断路器，表中安装调整记录项目可根据要求进行填写。对于产品技术文件不要求在现场调整的断路器，不填写此记录。

E.23　SH/T 3543-G523“隔离开关/负荷开关安装调整记录”

“名称”：填写隔离开关或负荷开关。

E.24　SH/T 3543-G524-1“蓄电池充放电记录”

“使用电压”：填写用户的使用电压额定值（如 220V、48V 等）。

“灌电解液”中的“名称”：填写碱性或酸性蓄电池的名称（如铅酸蓄电池）。

E. 25　SH/T 3543-G524-2“蓄电池充放电记录(续)”

“典型电池号”：数量应为总数的20%，且不少于5个。但每个蓄电池(不仅仅是典型电池)在充放电过程中都应测量其电压、密度和温度，并填写在表中。

E. 26　SH/T 3543-G525“电气照明安装检查记录”

每一照明盘及其所供电的灯具插座、线路等为一个系统，填写一页记录。如有的回路没有就地开关，而由照明盘上的开关控制，“就地开关数”填写“0”。

E. 27　SH/T 3543-G526“电伴热安装检查记录”

施工单位须填写此表，亦可按电伴热供货厂商提供的记录表格填写。

E. 28　SH/T 3543-G527“现场动力箱/照明箱安装检查记录”

指就地安装的动力配电箱、照明箱、检修箱等，一台填写一个记录。

六、附录F　仪表安装工程施工用表使用说明

F. 1　SH/T 3543-G601“变送器/转换器调校记录”

2017版新增了“线性□　开方□”选项，此项是用于差压变送器测量流量(流量与所测得的差压成开方关系)。

测量流量的差压变送器需根据设计要求在校验前完成线性/开方功能设置，并在对应栏中画“√”。如果差压变送器设置性线关系后，需在控制系统组态中实现开方功能；反之，如果差压变送器设置开方关系后，需在控制系统组态中实现线性功能。

2017版将“迁移量”改为“设计迁移量”，是针对差压变送器测量液位所用的参数，此数据来源设计数据或经过设计确认后的数据。

F. 2　SH/T 3543-G602“调节阀/执行器/开关阀调校记录”

2017版新增了“灵敏度试验(%)”，根据SH/T 3521—2013第5.8.8条“控制阀的灵敏度试验可用百分表测定，根据定位器/弹簧工作范围确定通入薄膜室压力为10%、50%、90%三点停留于相应行程处，增加或降低信号压力，测定使阀杆开始移动的压力变化值。不带阀门定位器的该值不得超过信号范围的1.5%，有阀门定位器的控制阀压力变化值不得超过0.3%”。由于压力变化示值较小，目前标准压力表读数难以分辨，可用数字万用表的读数相对应压力变化值的电流变化值进行调试。

阀体耐压强度试验3min压力降，是根据SH/T 3521—2013第5.8.2条“所有在工作中承压的空腔应同时承压不少于3min，且不应有可见的泄漏现象”。

F. 3　SH/T 3543-G603“工艺开关调校记录”

2017版删除了精确度、允许误差。“动作值”改为“实测值(　)”，“吸合”

“断开”改为“动作”“恢复”。

根据 SH/T 3551—2013 第 14.3.1 条“系统中压力开关、温度开关、物位开关、流量开关及各种仪表的附加报警机构等信号输入元件，应根据设计文件提出的设定值进行参数整定”。

F.4　SH/T 3543-G604“物位仪表调校记录”

浮筒液面变送器宜用水校法校验，校验时，应确保零点液面准确，输出和输入信号应按介质密度进行换算，并符合下列规定：

当测量介质的密度小于 1g/cm^3 时，应将各检测点的液面按公式(3)换算成水的液面：

$$h_s = h_j \times \frac{\gamma_j}{\gamma_s} \qquad (1)$$

式中：

h_j、h_s——介质及水的液面(mm)；

γ_j、γ_s——介质及水的密度(g/cm^3)。

a）当测量两种液体的界面时，仪表上的密度值应定于两介质的密度差处，零点及上限水位高度分别按公式(2)、公式(3)及公式(4)计算，水位变化范围按公式(4)计算：

零点时的水位高度　$$h_s = \frac{\gamma_Q}{\gamma_s} H \qquad (2)$$

终点时的水位高度　$$h_s = \frac{\gamma_Z}{\gamma_s} H \qquad (3)$$

水位变化范围　$$\Delta h_s = \frac{\gamma_z - \gamma_Q}{\gamma_s} H \qquad (4)$$

式中：

γ_z——重介质密度(g/cm^3)；

H——最大液面刻度(mm)；

γ_Q——轻介质密度(g/cm^3)。

F.5　SH/T 3543-G605“就地指示仪调校记录(直读式压力计、温度计)”

2017 版增加了“生产厂家”。

根据 SH/T 3551—2013 第 6.2.1 条“双金属、数显温度计、压力式温度计应进行示值校验，校验点不应少于两点，若有一点不合格，则应作不合格处理。工艺有特别要求的温度计，应作四个刻度点的校验”。

压力表和双波纹差压计的校验应符合下列规定“校验点应在刻度范围内均匀选取，且不得少于五点”。

F. 8　SH/T 3543-G608“轴位移、轴振动仪表调校记录”

为新增表格。

根据 SH/T 3551—2013 第 6. 8. 2 条“涡流传感型轴位移、轴振动均应作间隙/输出电压特性试验，试验时探头应与同一位号的延长电缆、前置放大器成套进行试验”。传感安装过程中，需对轴位移、轴振动做探头性能曲线，做探头性能曲线需加探头延伸电缆，试验测得的数据绘制在探头性能曲线上；其他试验按表格内容进行填写。

轴位移试验、轴振动试验是连接其二次仪表联校的数据。

涡流传感型轴位移、轴振动、轴转速探头均应作间隙-输出电压特性试验，试验宜用模拟法，试验装置见图 1。试验器的探头试片材质宜与被测轴的表面材质一致。

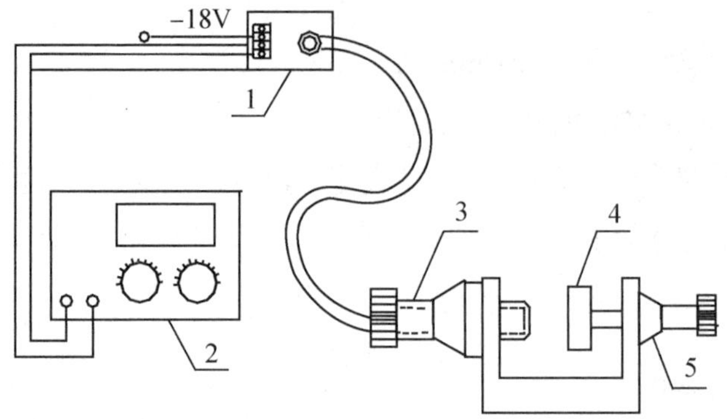

图 1　探头特性试验装置

1—前置放大器；2—数字电压表；3—探头；4—试片；5—测微计

试验时探头应与同一位号的延长电缆、前置放大器成套进行试验。

“结论”：填写“合格”“不合格”。

F. 14　SH/T 3543-G613“电缆/电线敷设及绝缘电阻测量记录”

2017 版删除了“备注 2：电缆/电线敷设前绝缘电阻测量用此表”，根据 SH/T 3551—2013 第 9. 1. 2 条“电缆/电线敷设前，应进行外观和绝缘、导通检查，并用 500V 兆欧表测量绝缘电阻，其电阻应≥5MΩ”。

电缆/电线敷设及绝缘电阻测量记录应在敷设前和敷设后分别测量，以敷设后测得绝缘电阻数据为最终数据。

F. 16　SH/T 3543-G615“电缆槽/桥架安装检查记录”

2017 版增加了第 6 检查项“钢制电缆桥架直线长度超过 30m、铝合金或玻璃钢电缆桥架直线长度超过 15m 时，有应力消除措施”，这是根据 GB 50168—2018 第 5. 2. 8 条“当直线段钢制电缆桥架长度超过 30m、铝合金或玻璃钢电缆桥架直线长度超过 15m 时，应有伸缩装置，其连接宜采用伸缩连接板”。

第 8 检查项中增加了“底板漏水孔孔距与孔径符合规范要求”，这是根据 SH/T 3551—2013 第 9.3.2 条“电缆底板应有水孔，孔距≤1500mm，孔径为 $\phi5\sim\phi8$mm”。

第 11 检查项“电缆槽的盖板齐全，固定合理、牢固”，仪表电缆敷设前，施工单位应把 SH/T 3543-G615“电缆槽/桥架安装检查记录”表格向监理单位报验，等仪表电缆敷设完成后，电缆槽盖板安装完成后再次向监理单位进行报验。

第 12 检查项中增加了“垂直段超过 2m 时，增设的内部支架符合规范要求”，这是根据 SH/T 3521—2013 第 8.3.14 条“电缆槽垂直段大于 2m 时，应在垂直段上、下端槽内增设固定电缆用的支架”。

F.18　SH/T 3543-G617“光缆敷设及测试记录”

为新增加表格。根据 SH/T 3551—2013 第 9.6.3 条“光纤连接前应对光纤进行测试，1550nm 波长损耗≤0.22dB/km，1310nm 波长损耗≤0.35dB/km”。第 9.6.4 条“在光纤熔接后对光纤进行测试损耗≤0.25dB/km，整个光纤熔接过程应连续完成，不得中断，接头损耗≤0.05dB。光纤外护层内铠装层与大地绝缘电阻，在光缆浸水 24h 后测试，不小于 2MΩ”。

检验方法：OTDR 光缆测试仪，熔接机、光功率计、500V 兆欧表现逐项测试检查。

F.19　SH/T 3543-G618“测温仪表检查记录”

需在到货后安装前完成填写。根据 SH/T 3551—2013 第 6.2.2 条“热电偶、热电阻一般可在常温下对元件进行检测，不进行热电性能试验”。

“检查结果”：填写合格/不合格。

F.20　SH/T 3543-G619“测温元件安装检查记录”

为新增加表格。根据 SH/T 3551—2013 第 5.1.1 条“温度取源部件的安装能准确反映被测介质温度的位置”，通过“实测 L_1”“实测 L_2”“壁厚 L_3”(壁厚包括管子或设备的厚度、内衬等)的数据，判断温度元件能否准确测量工艺实际温度。

“结论”：填写合格/不合格。

举例：某一项目的热电阻的设计规格书温度套管长度与实际到货套管长度尺寸对应不起来，一般分两种情况：

1）规格书温度套管长度大于实际到货长度(例如：实际 240，设计 220)；

2）规格书温度套管长度小于实际到货长度(例如：实际 400，设计 300)。

原因在于：

1）部分测量点的流速太高，订货时厂家根据频率计算的情况，缩短了套管长度。

2）少量测量点，管道设计专业加长了短管的高度，所以套管长度也相应加长了。

F. 22~F. 25　SH/T 3543-G621、G622、G623、G624“现场总线电缆检查记录”“FF 端口通讯数据校验记录”“FF 设备通讯数据校验记录”“现场总线网络/网段测试汇总表”

为新增表格。

F. 26　SH/T 3543-G625“FF 变送器/转换器检查记录”

新增“内部 ID 号”一栏。

F. 27　SH/T 3543-G626“智能仪表功能参数检查记录”

2007 版一台智能仪表用一张表格，2017 版可以多台智能仪表用一张表格。去除了 2007 版的“测量范围”一栏。“参数名称”“设定值”可通过智能手持终端或 PC 端读取。

举例：导波雷达 705 型变送器(适用于下列探测器：Coaxial，Twin Rod，HTHP Coaxial，HP Coaxial)。

导波雷达(HART 菜单——Model 705 2. X)

七、附录 G　压力容器现场组焊施工用表使用说明

G.4　SH/T 3543-G704"产品主要受压元件使用材料一览表（含焊接材料）"

填写的主要依据是材料质量证明文件或复验报告。

G.5　SH/T 3543-G705"产品制造变更报告"

由设备制造单位或现场组装焊接施工单位专业责任工程师填写，项目技术负责人审核。

G.6　SH/T 3543-G706"______加工/组装检验记录"

为新增空白表格。设备制造中根据具体工序的标准要求，填写检查内容，必要时需附图。

G.7　SH/T 3543-G707"焊工分布图"

施工单位在排板图上标记焊缝位置、每名焊工施焊部位以及无损检测位置。

G.8　SH/T 3543-G708"焊接接头表面质量检查记录"

"焊接接头编号"：按排板图中焊缝编号填写。

G.9　SH/T 3543-G709"产品焊接试件力学和弯曲性能检验报告"

在 2007 版 SH/T 3543-G709 基础上进行了简化，试件如需委托第三方检验，在相应栏中进行说明。

G.10　SH/T 3543-G710"压力试验检验报告"

将原表中"检验员"和"监检员"更换为"施工班组长"和"质量检查员"，与其他表格保持一致。

"试验种类"：根据实际试验情况进行选择。

"试验用水氯离子含量"：对试验用水氯离子含量有要求时填写。

G.12　SH/T 3543-G712"设备热处理报告"

在 2007 版 SH/T 3543-G712 表格基础上增加了"热处理部位""材质""报告编号"栏，将原表格中"试板热处理状态"和"试板数量"修改为"试件热处理状态"和"试件数量"。

设备热处理报告，对于压力容器或特殊要求设备的热处理，原则上填写 SH/T 3503-J342 表；其他设备热处理填写 SH/T 3543-G712 表。对于特殊设备的热处理工序，可附 SH/T 3503-J133 表进行针对性设置检查内容，必要时可附图。

第七章　静设备部分表格填写示例

静设备表格填写主要是响应标准规范和设计文件要求，下面为“___底板___安装检查记录”“___壁板___安装检查记录”“垫铁隐蔽记录”“垫铁安装检查记录”示例。

a）SH/T 3543-G122“底板安装检查记录”

b）SH/T 3543-G122“___第六圈壁板___安装检查记录”

c）SH/T 3503-J113“垫铁隐蔽记录”（设备类）

d）SH/T 3503-J113“垫铁隐蔽记录”（钢结构类）

e）SH/T 3503-J133“垫铁安装检查记录”

<table>
<tr><td>SH/T 3543-G122</td><td colspan="5">底板安装检查记录</td><td colspan="4">工程名称：××××
单元名称：</td></tr>
<tr><td>专业工程名称</td><td colspan="3">储罐安装</td><td colspan="2">施工图号</td><td colspan="4">××××及排板图</td></tr>
<tr><td>储罐名称</td><td colspan="2">××××</td><td>储罐位号</td><td colspan="2">V-××××</td><td colspan="2">罐底直径</td><td colspan="2">××××mm</td></tr>
<tr><td>底板排板直径</td><td colspan="2">××××mm</td><td>下料块数</td><td colspan="2">×××块</td><td colspan="2">边缘块数量</td><td colspan="2">××块</td></tr>
<tr><td colspan="10">检查要求及检查数据(mm)</td></tr>
<tr><td colspan="4">边缘板对接焊组对间隙　允许值 7±1</td><td colspan="6">中幅板搭接 50±5</td></tr>
<tr><td>焊缝编号</td><td colspan="3">实测数据</td><td>焊缝编号</td><td colspan="5">实测数据</td></tr>
<tr><td>DB-1</td><td>6</td><td>6</td><td>7</td><td>DC-1</td><td>52</td><td>50</td><td>52</td><td colspan="2">50</td></tr>
<tr><td>DB-2</td><td>6</td><td>7</td><td>6</td><td>DC-2</td><td>50</td><td>50</td><td>50</td><td colspan="2">52</td></tr>
<tr><td>DB-3</td><td>7</td><td>6</td><td>6</td><td>DC-3</td><td>51</td><td>51</td><td>52</td><td colspan="2">52</td></tr>
<tr><td>DB-4</td><td>6</td><td>7</td><td>6</td><td>DC-4</td><td>52</td><td>52</td><td>50</td><td colspan="2">50</td></tr>
<tr><td>DB-5</td><td>6</td><td>6</td><td>7</td><td>DC-5</td><td>50</td><td>50</td><td>52</td><td colspan="2">50</td></tr>
<tr><td>DB-6</td><td>7</td><td>6</td><td>6</td><td>DC-6</td><td>52</td><td>52</td><td>50</td><td colspan="2">52</td></tr>
<tr><td>DB-7</td><td>6</td><td>7</td><td>6</td><td>DC-7</td><td>52</td><td>50</td><td>52</td><td colspan="2">50</td></tr>
<tr><td>DB-8</td><td>6</td><td>7</td><td>6</td><td>DC-8</td><td>50</td><td>50</td><td>50</td><td colspan="2">52</td></tr>
<tr><td>DB-9</td><td>7</td><td>7</td><td>7</td><td>DC-9</td><td>52</td><td>51</td><td>52</td><td colspan="2">52</td></tr>
<tr><td>DB-10</td><td>6</td><td>6</td><td>6</td><td>DC-10</td><td>52</td><td>50</td><td>52</td><td colspan="2">50</td></tr>
<tr><td>DB-11</td><td>6</td><td>6</td><td>6</td><td>DC-11</td><td>51</td><td>50</td><td>50</td><td colspan="2">51</td></tr>
<tr><td>DB-12</td><td>7</td><td>6</td><td>6</td><td>DC-12</td><td>50</td><td>50</td><td>50</td><td colspan="2">50</td></tr>
<tr><td>DB-13</td><td>6</td><td>7</td><td>6</td><td>DC-13</td><td>50</td><td>50</td><td>50</td><td colspan="2">52</td></tr>
<tr><td>DB-14</td><td>6</td><td>7</td><td>7</td><td>DC-14</td><td>52</td><td>52</td><td>52</td><td colspan="2">50</td></tr>
<tr><td>DB-15</td><td>6</td><td>7</td><td>7</td><td>DC-15</td><td>50</td><td>50</td><td>52</td><td colspan="2">52</td></tr>
<tr><td>DB-16</td><td>7</td><td>6</td><td>6</td><td>DC-16</td><td>50</td><td>50</td><td>50</td><td colspan="2">52</td></tr>
<tr><td>DB-17</td><td>6</td><td>6</td><td>6</td><td>DC-17</td><td>50</td><td>50</td><td>51</td><td colspan="2">50</td></tr>
<tr><td>DB-18</td><td>6</td><td>7</td><td>7</td><td>DC-18</td><td>52</td><td>50</td><td>52</td><td colspan="2">52</td></tr>
<tr><td></td><td></td><td></td><td></td><td>DC-19</td><td>50</td><td>51</td><td>52</td><td colspan="2">52</td></tr>
<tr><td></td><td></td><td></td><td></td><td>DC-20</td><td>50</td><td>52</td><td>50</td><td colspan="2">50</td></tr>
<tr><td colspan="10">其他说明：</td></tr>
<tr><td colspan="3">施工班组长：
日期：　　年　月　日</td><td colspan="4">专业工程师
日期：　　年　月　日</td><td colspan="3">质量检查员：
日期：　　年　月　日</td></tr>
</table>

SH/T 3543-G122	第六圈壁板安装检查记录		工程名称：××××× 单元名称：
专业工程名称	储罐安装	施工图号	××××及排板图

储罐名称	×××	储罐位号	××××	罐壁内径	11500mm

第六圈（顶圈）壁板上口水平度	允许值	相邻≤2mm/任意≤6mm										
	实测最大值：4	实测值数据 mm										
	数据说明 共检 18 点 合格 18 点	6-1			6-2			6-3				
		0	1	1	2	1	1	2	1	0		
		6-4			6-5			6-6				
		-2	0	1	1	2	1	2	1	1		

周长	允许值	±50mm	实测值数据 mm	36170(36166)

水平半径	允许值	±13mm	实测值数据 mm				
	实测最大值	8	0 度	90 度	180 度	270 度	
			8	6	-5	5	

其他数据(mm)

罐壁板编号/焊缝号	纵缝错边量≤1	纵缝间隙 2±1	纵缝棱角度≤12	环缝错边量≤1.5	环缝间隙 2~3	环缝棱角度≤12	垂直度≤3	凹凸度≤15
	实测最大值							
	1	2	8	1.5	3	8	3	10
	实测数据							
6-1/A32	1	2	6	1	2	6	2	6
	0.5	2	6	0.5	2.5	8	2	8
	0.5	1.5	7	1	2	5	1	8
6-2/A33	0.5	1	6	1	2.5	6	1	6
	1	1.5	6	1	2	5	1	8
	0.5	1.5	5	1	2	6	2	6
6-3/A34	1	1	6	1.5	3	6	1	10
	1	1.5	5	1	2	8	2	8
	1	2	6	1.5	2	5	1	10
6-4/A35	1	1.5	6	1	2.5	6	3	6
	0.5	1	5	1	2	6	2	8
	1	1.5	6	1.5	2	6	2	6

其他说明：

施工班组长： 日期：　　年　月　日	专业工程师 日期：　　年　月　日	质量检查员： 日期：　　年　月　日

SH/T 3503-J113	**垫铁隐蔽记录**	工程名称： 单位名称：	
设备/结构名称		位号	

垫铁布置位置示意图：

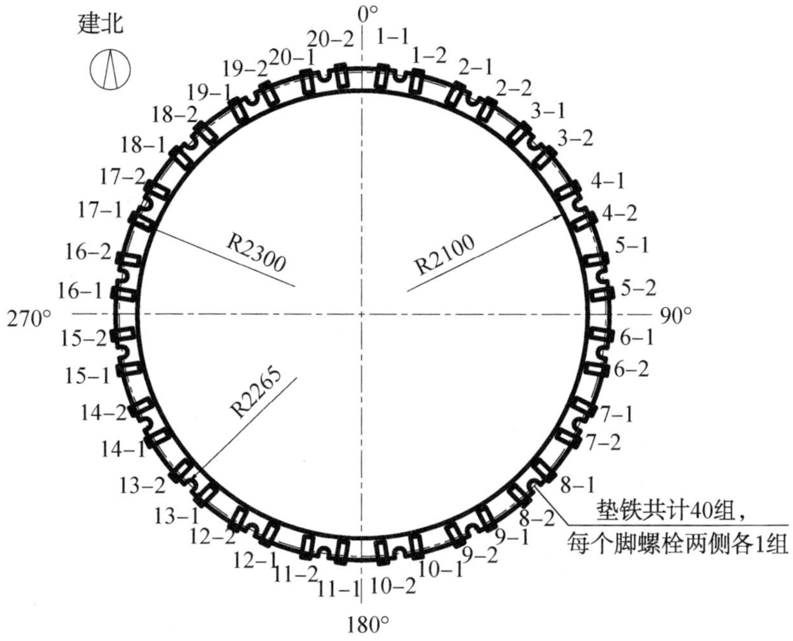

每组垫铁的施工检查，填写 SH/T 3503-J133 表格 垫铁 安装检查记录。

检查项目	安装要求	检查结果
找正	数据符合规范要求	□不符合□符合
垫铁规格	符合施工方案要求	□不符合□符合
垫铁布置位置	符合规范要求	□不符合□符合
每组垫铁块数	符合规范要求	□不符合□符合
每组垫铁高度	符合设计文件和规范要求	□不符合□符合
斜垫铁搭接长度	符合规范要求	□不符合□符合
垫铁间点焊固定	符合规范要求	□不符合□符合

结论：

经检查，□不符合□符合设计文件和规范要求，□不可以□可以隐蔽。

建设/监理单位	总承包单位	施工单位
专业工程师： 日期：　年　月　日	专业工程师： 日期：　年　月　日	施工班组长： 质量检查员： 专业工程师： 日期：　年　月　日

SH/T 3503-J113	垫铁隐蔽记录		工程名称： 单位名称：
设备/结构名称		位号	

垫铁布置位置示意图：

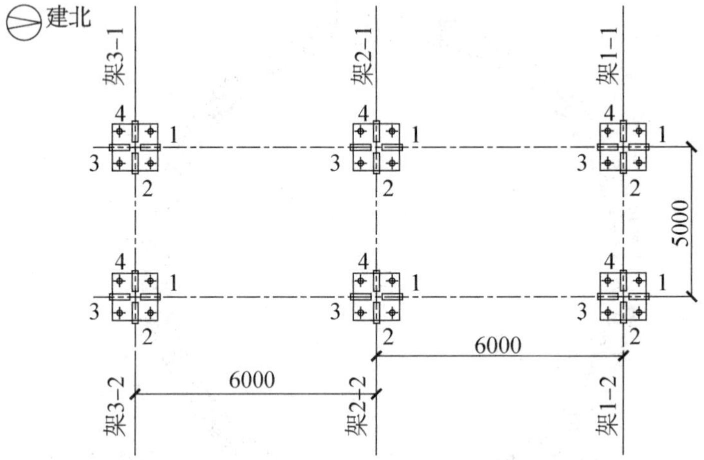

每组垫铁的施工检查，填写 SH/T 3503-J133 表格＿垫铁＿安装检查记录。

检查项目	安装要求	检查结果
找正	数据符合规范要求	□不符合□符合
垫铁规格	符合施工方案要求	□不符合□符合
垫铁布置位置	符合规范要求	□不符合□符合
每组垫铁块数	符合规范要求	□不符合□符合
每组垫铁高度	符合设计文件和规范要求	□不符合□符合
斜垫铁搭接长度	符合规范要求	□不符合□符合
垫铁间点焊固定	符合规范要求	□不符合□符合

结论：

经检查，□不符合□符合设计文件和规范要求，□不可以□可以隐蔽。

建设/监理单位	总承包单位	施工单位
专业工程师： 日期：　　年　月　日	专业工程师： 日期：　　年　月　日	施工班组长： 质量检查员： 专业工程师： 日期：　　年　月　日

附件 5：垫铁安装检查记录

SH/T 3503-J133	垫铁安装检查记录	工程名称： 单位工程名称：	
专业工程	钢结构安装	施工图号	×××-×××-×××

检查项目：

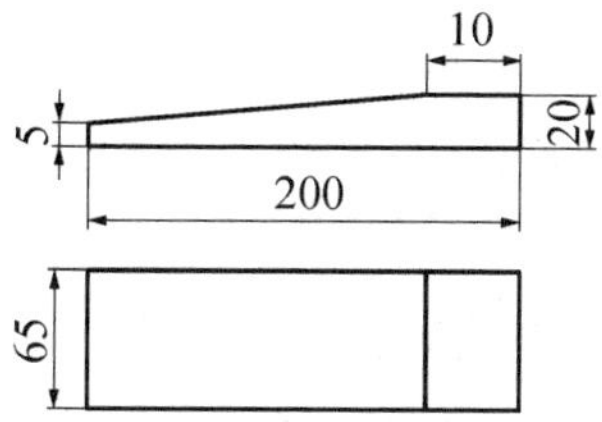

斜垫铁尺寸

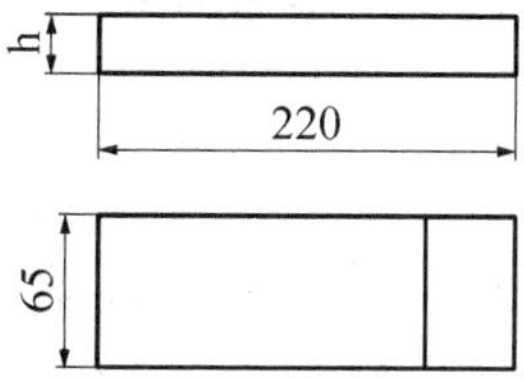

平垫铁尺寸

组号	垫铁数量/块		高度/mm	平垫铁数量						接触情况	备注
	斜垫铁	平垫铁		厚度/mm	数量/块	厚度/mm	数量/块	厚度/mm	数量/块		
J1-1-1	2	3	50	10	1	8	1	6	1	良好	
J1-1-2	2	2	42	8	2					良好	

检验结论：

用 0.25Kg 手锤敲击检查合格。

建设/监理单位	总承包单位	施工单位
专业工程师： 日期：　　年　月　日	专业工程师： 日期：　　年　月　日	施工班组长： 质量检查员： 专业工程师： 日期：　　年　月　日

第八章　勘　　误

一、SH/T 3503 标准

（1）前言

主要审查人：	周　国	周家祥	杨振刚	吴忠宪	迟玉东	汤卫国
	杨新和	赵　勇	陈　雷	王勋涛	朱　杰	叶晓文
	胡海波	李红星	李昀鹏	杨宝祥	安　蓓	王一帆
	孙立祥	徐奇生	张永斌	曹　巍	周　龑	陆忠儒
	杨金良	韩建华	张奉忠	张桂红	马超超	陈昌才
	张之平	孙志芬	张　波	孙明达	于明玮	白铁英
	刘小平	李兆太	刘金生	杨　峻		

（2）正文

P4，6.2.7 条修改

原 6.2.7 条“工程交工验收证书、交工技术文件移交证书按 SH/T 3904 规定签署，单独办理。”修改为“工程交工验收证书按 SH/T 3904 规定签署，单独办理。”

（3）表 SH/T 3503-J101A

P9，表中“施工单位”改为“承包单位”。

建设单位 （项目部章）	监理单位 （项目部章）	承包单位 （项目部章）

（4）表 SH/T 3503-J108A

P20，表中文字修改。

SH/T 3503-J108A	交工技术文件移交证书	工程名称： 合同编号：
________按《石油化工建设工程项目交工技术文件规定》（SH/T 3503—2017）向__________办理工程建设交工技术文件移交手续，共计文字资料____卷，竣工图____卷，电子文件____盘。 附：交工技术文件移交清单。		

（5）表 SH/T 3503-J108B

P21，表中文字修改。

<table>
<tr><td>SH/T 3503-J108B</td><td>交工技术文件移交证书</td><td>工程名称：
合同编号：</td></tr>
<tr><td colspan="3">＿＿＿＿＿按《石油化工建设工程项目交工技术文件规定》（SH/T 3503—2017）向＿＿＿＿＿＿办理工程建设交工技术文件移交手续，共计文字资料＿＿卷，竣工图＿＿卷，电子文件＿＿盘。
附：交工技术文件移交清单。</td></tr>
</table>

（6）表 SH/T 3503-J109

P22，表中“责任单位代表：”后加空格。

<table>
<tr><td>SH/T 3503-J109</td><td colspan="2">重大质量事故处理报告</td><td>工程名称：</td></tr>
<tr><td>事故经过说明</td><td colspan="3">责任单位代表：　　　　　　　　　　责任单位（公章）　　　年　月　日</td></tr>
</table>

（7）表 SH/T 3503-J113

P26，增加下划线，“每组垫铁构成”后加空格。

<table>
<tr><td colspan="2">SH/T 3503-J113</td><td>垫 铁 隐 蔽 记 录</td><td colspan="2">工程名称：
单位名称：</td></tr>
<tr><td>设备/结构名称</td><td colspan="2"></td><td>位号</td><td></td></tr>
<tr><td colspan="5">垫铁布置位置示意图：

垫铁情况说明：
平垫铁尺寸（长×宽×高）：＿＿＿＿斜垫铁尺寸（长×宽×薄端高）＿＿＿＿斜度＿＿＿＿
每组垫铁构成：块数＿＿＿＿垫铁组高度＿＿＿＿</td></tr>
</table>

（8）表 SH/T 3503-J120

P33，表中左上角编号改为“SH/T 3503-J120”。

（9）表 SH/T 3503-J125-1，表 SH/T 3503-J126-1，表 SH/T 3503-J127-1，表 SH/T 3503-J128-1，表 SH/T 3503-J129，表 SH/T 3503-J130

P38、P40、P42、P44、P46、P47 表中最下面“检测单位：（公章）”修改为“检测单位：（章）”

		检测单位：（章） 报告日期：　　年　月　日

（10）表 SH/T 3503-J328

P103，表中“检查项目”下的单位 mm，移至“允许值”下。

SH/T 3503-J328		塔盘安装检验记录				工程名称： 单位工程名称：		
设备名称					设备位号			
规格					塔盘型式			
检查项目	塔盘水平偏差	塔盘支撑件		溢流堰		降液板与受液盘		其他
		间距	水平度	水平偏差	高度偏差	垂直距离	水平距离	
允许值/mm								
塔盘编号	实测值	实测值	实测值	实测值	实测值	实测值	实测值	
1								

（11）表 SH/T 3503-J332

P107，表中“局部凹凸度偏差”下的“拱顶”改为“固定顶”，“内浮顶内浮盘”改为“浮舱顶板”。

<table>
<tr><td colspan="2">SH/T 3503-J332</td><td colspan="4">立式圆筒形储罐
组装质量检验记录</td><td colspan="3">工程名称：
单位工程名称：</td></tr>
<tr><td>设备名称</td><td colspan="2"></td><td>设备位号</td><td></td><td>结构型式</td><td colspan="3"></td></tr>
<tr><td>规格</td><td colspan="2"></td><td>容积</td><td>m^3</td><td>材质</td><td colspan="3"></td></tr>
<tr><td colspan="3">项　　目</td><td>允许值/mm</td><td>实测最大值/mm</td><td>检查点数</td><td>合格点数</td><td colspan="2">合格率/%</td></tr>
<tr><td rowspan="2">罐壁
几何尺寸</td><td colspan="2">高度偏差</td><td></td><td></td><td></td><td></td><td colspan="2"></td></tr>
<tr><td colspan="2">罐底圈水平半径偏差</td><td></td><td></td><td></td><td></td><td colspan="2"></td></tr>
<tr><td rowspan="4">垂直度</td><td colspan="2">罐壁</td><td></td><td></td><td></td><td></td><td colspan="2"></td></tr>
<tr><td colspan="2">导向支柱</td><td></td><td></td><td></td><td></td><td colspan="2"></td></tr>
<tr><td colspan="2">量油管</td><td></td><td></td><td></td><td></td><td colspan="2"></td></tr>
<tr><td colspan="2">内浮顶环形边缘侧板</td><td></td><td></td><td></td><td></td><td colspan="2"></td></tr>
<tr><td rowspan="5">局部凹凸度
偏差</td><td colspan="2">罐底</td><td></td><td></td><td></td><td></td><td colspan="2"></td></tr>
<tr><td colspan="2">罐壁内表面</td><td></td><td></td><td></td><td></td><td colspan="2"></td></tr>
<tr><td colspan="2">固定顶</td><td></td><td></td><td></td><td></td><td colspan="2"></td></tr>
<tr><td rowspan="2">浮顶</td><td>浮舱顶板</td><td></td><td></td><td></td><td></td><td colspan="2"></td></tr>
<tr><td>单盘板</td><td></td><td></td><td></td><td></td><td colspan="2"></td></tr>
<tr><td colspan="9">备注：</td></tr>
</table>

（12）SH/T 3503-J402

P142，将表中“公称压力”修改为“冷态工作压力”。

<table>
<tr><td colspan="4">SH/T 3503-J402</td><td colspan="4">阀门试验确认表</td><td colspan="3">工程名称：
单位工程名称：</td></tr>
<tr><td>名称</td><td>型号</td><td>规格</td><td>冷态工作压力</td><td>数量</td><td>压力试验</td><td>密封试验</td><td>上密封试验</td><td>试验记录自编号</td><td>试验结果</td><td>备注</td></tr>
<tr><td></td><td></td><td></td><td></td><td></td><td></td><td></td><td></td><td></td><td></td><td></td></tr>
</table>

（13）表 SH/T 3503-J413（1/2）

P158，取消原表格中的“检测合格数量”一行。

<table>
<tr><td colspan="3">SH/T 3503-J413</td><td colspan="10">管道无损检测数量统计表
第　页　　共　页</td><td colspan="7">工程名称：
单位工程名称：</td></tr>
<tr><td>区号</td><td></td><td colspan="3">检测类别号</td><td colspan="3"></td><td colspan="3">验收标准</td><td colspan="3"></td><td colspan="3">检测标准</td><td colspan="3"></td></tr>
<tr><td rowspan="2">管道编号</td><td rowspan="2">包含的
单线号</td><td rowspan="2">检测
比例</td><td colspan="5">对焊接头</td><td colspan="3">角焊接头</td><td colspan="5">支管连接接头</td><td colspan="3">坡口及其他</td><td rowspan="2">备注</td></tr>
<tr><td>总数</td><td>RT</td><td>UT</td><td>MT</td><td>PT</td><td>总数</td><td>MT</td><td>PT</td><td>总数</td><td>RT</td><td>UT</td><td>MT</td><td>PT</td><td>总数</td><td>MT</td><td>PT</td></tr>
<tr><td></td><td></td><td></td><td></td><td></td><td></td><td></td><td></td><td></td><td></td><td></td><td></td><td></td><td></td><td></td><td></td><td></td><td></td><td></td><td></td></tr>
<tr><td></td><td></td><td></td><td></td><td></td><td></td><td></td><td></td><td></td><td></td><td></td><td></td><td></td><td></td><td></td><td></td><td></td><td></td><td></td><td></td></tr>
<tr><td></td><td></td><td></td><td></td><td></td><td></td><td></td><td></td><td></td><td></td><td></td><td></td><td></td><td></td><td></td><td></td><td></td><td></td><td></td><td></td></tr>
<tr><td></td><td></td><td></td><td></td><td></td><td></td><td></td><td></td><td></td><td></td><td></td><td></td><td></td><td></td><td></td><td></td><td></td><td></td><td></td><td></td></tr>
<tr><td></td><td></td><td></td><td></td><td></td><td></td><td></td><td></td><td></td><td></td><td></td><td></td><td></td><td></td><td></td><td></td><td></td><td></td><td></td><td></td></tr>
<tr><td></td><td></td><td></td><td></td><td></td><td></td><td></td><td></td><td></td><td></td><td></td><td></td><td></td><td></td><td></td><td></td><td></td><td></td><td></td><td></td></tr>
</table>

（14）表 SH/T 3503-J610-1

P186 改为此表。

<table>
<tr><td colspan="2">SH/T 3503-J610-1</td><td colspan="11">联校调试记录
第　页　　共　页</td><td colspan="5">工程名称：
单位工程名称：</td></tr>
<tr><td rowspan="3">回路图号</td><td rowspan="3">仪表位号</td><td colspan="5">输入/显示(指示、记录)/输出</td><td colspan="7">报警/联锁</td><td rowspan="3">调节器作用</td><td colspan="2">调节阀确认</td><td rowspan="3">调试结果</td></tr>
<tr><td rowspan="2">量程范围</td><td rowspan="2">单位</td><td colspan="3">实测值</td><td rowspan="2">开关信号</td><td colspan="5">实测值</td><td rowspan="2">动作</td><td rowspan="2">FC</td><td rowspan="2">FO</td></tr>
<tr><td>0%</td><td>50%</td><td>100%</td><td>LL</td><td>L</td><td>H</td><td>HH</td><td>其他</td></tr>
<tr><td></td><td></td><td></td><td></td><td></td><td></td><td></td><td></td><td></td><td></td><td></td><td></td><td></td><td></td><td></td><td></td><td></td><td></td></tr>
<tr><td></td><td></td><td></td><td></td><td></td><td></td><td></td><td></td><td></td><td></td><td></td><td></td><td></td><td></td><td></td><td></td><td></td><td></td></tr>
<tr><td></td><td></td><td></td><td></td><td></td><td></td><td></td><td></td><td></td><td></td><td></td><td></td><td></td><td></td><td></td><td></td><td></td><td></td></tr>
<tr><td></td><td></td><td></td><td></td><td></td><td></td><td></td><td></td><td></td><td></td><td></td><td></td><td></td><td></td><td></td><td></td><td></td><td></td></tr>
<tr><td></td><td></td><td></td><td></td><td></td><td></td><td></td><td></td><td></td><td></td><td></td><td></td><td></td><td></td><td></td><td></td><td></td><td></td></tr>
<tr><td></td><td></td><td></td><td></td><td></td><td></td><td></td><td></td><td></td><td></td><td></td><td></td><td></td><td></td><td></td><td></td><td></td><td></td></tr>
<tr><td colspan="18">注：1. 开关信号、报警/联锁动作、调节阀确认栏填正常或不正常。2. LLL HHH M 等报警/联锁实测值可填入“其他”栏，例：M 1.25。3. 调试结果填合格或不合格</td></tr>
<tr><td colspan="18">备注：</td></tr>
<tr><td colspan="6">建设/监理单位</td><td colspan="6">总承包单位</td><td colspan="6">施工单位</td></tr>
<tr><td colspan="6">专业工程师：

日期：　　年　月　日</td><td colspan="6">专业工程师：

日期：　　年　月　日</td><td colspan="6">调校人：
质量检查员：
专业工程师：
日期：　　年　月　日</td></tr>
</table>

(15) 表 SH/T 3503-J706

P194，表中“检查项目”“允许值”分别与下方空格合并。

SH/T 3503-J706	球形储罐组装尺寸检查记录											工程名称： 单位工程名称：
设备名称			设备位号				产品编号					
公称容积		m^3	内直径		mm		厚度		mm			
检查样板内半径 $R_{样}$		mm			检查样板弦长 L			mm				
检查项目		允许值/mm	焊缝编号及实测值/mm									
组对间隙 M	a											
	b											
	c											

(16) 表 SH/T 3503-J814

P216，表中左上方编号“SH/T 35033503-J814”改为“SH/T 3503-J814”。

SH/T 3503-J814	起重机械负荷试验记录			工程名称： 单位工程名称：	
设备名称		设备位号		产品编号	
规格型号		起重量	t	跨度	m
执行标准					

(17) 英文版表 SH/T 3503-J101A

P219，表中“Construction Contractor” 修改为“Contractor”

Owner	Supervision Contractor	Contractor

(18) 英文版表 SH/T 3503-J108A

P230，表中文字修改。

<table>
<tr><td>SH/T 3503-J108A</td><td>交工技术文件移交证书
Handover Technical Documentation Transfer Certificate</td><td>工程名称：
Project Name：
合同编号：
Contract No. ：</td></tr>
<tr><td colspan="3">______ hereby transfers to ______ handover technical documentation in ____ volumes, as-built drawings in ____ volumes and electronic copy in ____ disks in accordance with the Regulations on Petrochemical Project Handover Technical Documentation, SH/T 3503—2017.
Attached: List of Transferred Handover Technical Documentation</td></tr>
</table>

（19）英文版表 SH/T 3503-J108B

P231，表中文字修改。

<table>
<tr><td>SH/T 3503-J108B</td><td>交工技术文件移交证书
Handover Technical Documentation Transfer Certificate</td><td>工程名称：
Project Name：
合同编号：
Contract No. ：</td></tr>
<tr><td colspan="3">______ hereby transfers to ______ handover technical documentation in ____ volumes, as-built drawings in ____ volumes and electronic copy in disks in ____ accordance with the Regulations on Petrochemical Project Handover Technical Documentation, SH/T 3503—2017.
Attached: List of Transferred Handover Technical Documentation</td></tr>
</table>

（20）英文版表 SH/T 3503-J125-1，表 SH/T 3503-J126-1，表 SH/T 3503-J127-1，表 SH/T 3503-J128-1，表 SH/T 3503-J129，表 SH/T 3503-J130

P248、P250、P251、P254、P256、P257 表中最下面“检测单位：（公章）”修改为“检测单位：（章）”

<table>
<tr><td></td><td></td><td>Inspection Agency：（Seal）
Report Date：</td></tr>
</table>

（21）英文版表 SH/T 3503-J328

P314，表中“检查项目”下的单位 mm，移至“允许值”下。

SH/T 3503-J328		**塔盘安装检验记录** **Tray Installation Inspection Record**				工程名称: Project Name: 单位工程名称: Unit Name:		
Equipment Description					Equipment Item No.			
Specification					Tray Type			
Inspection Item	Tray Levelness Deviation	Tray Support		Overflow Weir		Downcomer and Seal Pan		Others
		Spacing	Levelness	Horizontal Deviation	Height Deviation	Vertical Distance	Horizontal Distance	
Allowable Value, mm								
Tray No.	Actual Value	Actual Value	Actual Value	Actual Value	Actual Value	Actual Value	Actual Value	
1								

(22) 英文版表 SH/T 3503-J332

P332，表中“局部凹凸度偏差”下的“拱顶”改为“固定顶”，“内浮顶内浮盘”改为“浮舱顶板”。

SH/T 3503-J332		**立式圆筒形储罐组装质量检验记录** **Vertical Cylindrical Storage Tank Assembling Quality Inspection Record**			工程名称: Project Name: 单位工程名称: Unit Name:	
EquipmentDescription		Equipment Item No.			Structure Type	
Specification		Volume		m^3	Material	
Item		Allowable Value, mm	Max. Actual Value, mm	Check Point Number	Qualified Point Number	Qualified Rate, %
Shell Geometric Dimensions	Height Deviation					
	Bottom Course Horizontal Radius Deviation					

SH/T 3503-J332	立式圆筒形储罐 组装质量检验记录 **Vertical Cylindrical Storage Tank Assembling Quality Inspection Record**		工程名称： Project Name： 单位工程名称： Unit Name：				
Plumbness	Shell						
	Guide Support						
	Dipping Tube						
	Inner Floating Roof Rim						
Local Irregularity Deviation	Tank Bottom						
	Shell Inside Surface						
	Fixed Roof						
	Floating Roof	Top Deck					
		Center Deck Plate					
Remarks：							

（23）英文版表 SH/T 3503-J402

P354，将“Nominal pressure”修改为“cold working pressure”。

SH/T 3503-J402	阀门试验确认表 **Valve Test Confirmation Form**							工程名称： Project Name： 单位工程名称：		
Description	Model	Specification	cold working pressure	Quantity	Pressure Test	Seat Test	Backseat Test	Test Record No.	Test Result	Remarks

（24）英文版表 SH/T 3503-J413（1/2）

P371，取消原表格中的“Qualified Quantity”一行。

（25）英文版表 SH/T 3503-J706

P406，表中“检查项目”“允许值”分别与下方空格合并。

（26）附录 A. 3

P435，修改为：SH/T 3503-J102“交工技术文件总目录”编列在交工技术文件综合卷。“文件名称”栏内应填写各卷名，表中页数系指各卷的总页数。

（27）附录 A. 22

P436，修改为：SH/T 3503-J117“开箱检验记录”，由采购单位填写，“问题及处理意见”栏，如果没问题填写“无”或“—”，如有问题填写参加开箱各方对问题达成共识的意见及处理方法，对问题描述需是达成共识的，表格中写不下时可以增加附件。

（28）附录 D. 2

P446，D. 2 条中两处“公称压力”都修改为“冷态工作压力”，即：

D. 2 SH/T 3503-J402“阀门试验确认表”是按型号、规格试验的汇总表，按冷态工作压力分类填写，“试验项目”栏按下列说明填写：

——“压力试验”为壳体压力试验；

——“密封试验”为高压密封试验或低压密封试验；

——“上密封试验”除采用波纹管密封的阀门外，进行试验的打“√”，未进行的打“×”。

——“试验记录自编号”应按 SH/T 3543-G406 的“自编号”填写，同规格、同型号、同冷态工作压力、同试验项目的阀门可填写“自编号”范围。

（29）附录 E. 11

P447，“SH/T 3503-J508”修改为“SH/T 3503-J511”。

二、SH/T 3543 标准

（1）表 SH/T 3543-G117～G119

P21～P23，表中最右侧“发放人”改为“领用人”，签署栏中增加“发放人：”

表 G117“焊条发放回收记录”：

工程名称：			
焊件材质	领用数量/根	回收数量/根	领用人

表 G118“焊条发放记录”：

工程名称：			
焊件材质	领用数量		领用人
	根	kg	

表 G119“焊剂发放记录”：

工程名称：		
焊件材质	发放数量/kg	领用人

表 G117、G118、G119：

焊接责任工程师：　　年　月　日	发放人：　　年　月　日

（2）表 SH/T 3543-G124～G127

P28～P31，表中检查项间增加空格。

检测地点	□预制现场　□已安装现场　　其他(　　　　)
检测时机	□焊后　□热处理前　□热处理后　□返修后　　其他(　　)

（3）表 SH/T 3543-G124

P28，表中检查项间增加空格。

当日完成检测工作量： 检测焊口(检件)数________道　　　　底片数________张

（4）表 SH/T 3543-G125～G127

P29～P31，表中检查项间增加空格。

当日完成检测工作量： 检测焊口(检件)数________道　　　　检测长度(面积)________米(米^2)

（5）表 SH/T 3543-G337

P84，表中“焊材料”修改为“焊接材料”。

SH/T 3543-G337		设备焊接工作记录				工程名称： 单位工程名称：	
设备名称		设备位号		材质		焊接方法	
加热方式		预热温度	℃	后热温度	℃	焊接材料	

（6）表 SH/T 3543-G406

P94，将表中“公称压力”修改为“冷态工作压力”。

<table>
<tr><td colspan="4">SH/T 3543-G406</td><td colspan="8">阀门检验试验记录</td><td colspan="4">工程名称：
单位工程名称：</td></tr>
<tr><td rowspan="2">序号</td><td rowspan="2">名称</td><td rowspan="2">规格型号</td><td rowspan="2">自编号</td><td rowspan="2">冷态工作压力 MPa</td><td colspan="3">压力试验</td><td colspan="3">密封试验</td><td colspan="3">上密封试验</td><td rowspan="2">解体检查结果</td><td rowspan="2">备注</td></tr>
<tr><td>介质</td><td>压力 MPa</td><td>时间 s</td><td>介质</td><td>压力 MPa</td><td>时间 s</td><td>介质</td><td>压力 MPa</td><td>时间 s</td></tr>
<tr><td></td><td></td><td></td><td></td><td></td><td></td><td></td><td></td><td></td><td></td><td></td><td></td><td></td><td></td><td></td><td></td></tr>
</table>

（7）表 SH/T 3543-G602

P146，表格中阀芯、阀座泄漏量试验一栏中的试验介质，去除 MPa 单位。

<table>
<tr><td rowspan="2">阀芯、阀座泄漏量试验</td><td>泄漏等级</td><td></td><td>试验介质</td><td></td><td>出入口压差</td><td>MPa</td></tr>
<tr><td>额定流量系数 C_v</td><td></td><td>允许泄漏量</td><td>mL/min</td><td>实测泄漏量</td><td>mL/min</td></tr>
</table>

（8）表 SH/T 3543-G706

P181，表格名称加空格。

<table>
<tr><td colspan="2">SH/T 3543-G706</td><td colspan="2">________加工/组装
检验记录</td><td colspan="2">工程名称：
单位工程名称：</td></tr>
<tr><td>设备名称</td><td></td><td>设备位号</td><td></td><td>产品编号</td><td></td></tr>
</table>

（9）C. 18 条文说明

“检测数据填写表 SH/T 3543-G307 和表 SH/T 3543-G308”，更正为“检测数据填写表 SH/T 3543-G306 和表 SH/T 3543-G307”。